Rohit G
Narendra Kumar M
Raghavendra Krishna

Conceção e análise de um cilindro compósito para armazenamento de gás hidrogénio

Rohit G
Narendra Kumar M
Raghavendra Krishna

Conceção e análise de um cilindro compósito para armazenamento de gás hidrogénio

ScienciaScripts

Imprint

Any brand names and product names mentioned in this book are subject to trademark, brand or patent protection and are trademarks or registered trademarks of their respective holders. The use of brand names, product names, common names, trade names, product descriptions etc. even without a particular marking in this work is in no way to be construed to mean that such names may be regarded as unrestricted in respect of trademark and brand protection legislation and could thus be used by anyone.

Cover image: www.ingimage.com

This book is a translation from the original published under ISBN 978-620-8-01319-6.

Publisher:
Sciencia Scripts
is a trademark of
Dodo Books Indian Ocean Ltd. and OmniScriptum S.R.L publishing group

120 High Road, East Finchley, London, N2 9ED, United Kingdom
Str. Armeneasca 28/1, office 1, Chisinau MD-2012, Republic of Moldova, Europe
Printed at: see last page
ISBN: 978-620-8-19875-6

Conteúdo

Prefácio

A transição global para a energia sustentável trouxe o hidrogénio para a linha da frente como um combustível limpo promissor. O armazenamento eficiente e seguro do hidrogénio é fundamental para aproveitar o seu potencial, e os cilindros compósitos surgiram como uma solução líder neste campo. Este livro, "Design and Analysis of Composite Cylinder for Hydrogen Gas Storage" (Conceção e Análise de Cilindros Compósitos para Armazenamento de Hidrogénio Gasoso), tem como objetivo fornecer uma compreensão aprofundada do complexo processo de conceção destes sistemas avançados de armazenamento.

As propriedades únicas do hidrogénio exigem soluções de armazenamento inovadoras que sejam simultaneamente leves e capazes de suportar pressões elevadas. Os materiais compósitos, com as suas relações força-peso superiores e resistência à corrosão, são ideais para este fim. Este livro foi escrito para engenheiros, investigadores e profissionais da indústria que se dedicam ao avanço da tecnologia do hidrogénio.

A viagem começa com uma análise aprofundada dos materiais compósitos, centrada nos polímeros reforçados com fibra de carbono (CFRP) e na sua aplicação em ambientes de alta pressão. Aprofundamos os aspectos cruciais da seleção de materiais, as especificações de design e a geometria dos cilindros. O livro detalha meticulosamente o processo de otimização das camadas compósitas e dos padrões de enrolamento para garantir a integridade estrutural e o desempenho.

Uma parte significativa deste livro é dedicada a métodos analíticos e computacionais, incluindo a Teoria Clássica da Laminação (CLT) e a Análise de Elementos Finitos (FEA). Estas ferramentas são essenciais para prever o comportamento mecânico e identificar potenciais pontos de falha, garantindo que os cilindros cumprem as rigorosas exigências do armazenamento de hidrogénio.

Este livro representa um guia abrangente que combina conhecimentos teóricos com perspectivas analíticas. Esperamos que sirva como um recurso valioso para todos os envolvidos no desenvolvimento de tecnologias de armazenamento de hidrogénio, contribuindo para o avanço de soluções energéticas sustentáveis.

Agradecemos aos investigadores, especialistas da indústria e instituições cujos contributos e ideias foram fundamentais para a criação deste livro. Juntos, aproximamo-nos mais um passo de um futuro sustentável alimentado pelo hidrogénio.

Rohit G, Narendra Kumar M, Raghavendra Krishna, Mohan C B

RESUMO

Este relatório de dissertação investiga a conceção e a análise de um cilindro compósito de armazenamento de hidrogénio. O principal objetivo do estudo é otimizar o peso do cilindro utilizando materiais como o titânio, o ABS e a fibra de carbono, individualmente ou em combinação. O desempenho do cilindro foi analisado submetendo-o a uma pressão interna de 35MPa. A estrutura de nervuras internas, uma novidade, foi introduzida no projeto do cilindro e o seu impacto no desempenho do cilindro foi estudado. O cilindro foi modelado utilizando o CATIA V5. A análise estrutural e explícita foi efectuada com o ANSYS Workbench 2021, de acordo com a norma ISO 15869. Os resultados obtidos são comparados com variações sem nervura e com nervura e são retiradas conclusões adequadas em conformidade.

1. INTRODUÇÃO

O esgotamento das reservas de petróleo e o aquecimento global devido à utilização excessiva de gasolina e gasóleo como combustível obrigaram os cientistas a encontrar um combustível alternativo. Na procura de um combustível mais limpo e muito mais eficiente do que o petróleo, foi encontrado o hidrogénio. O hidrogénio, com uma densidade de 0,08375 kg/m^3 , é o gás mais leve do planeta. O poder calorífico do hidrogénio é três vezes superior ao do petróleo. Embora todas as propriedades do hidrogénio possam ser melhores do que as da gasolina e do gasóleo, o hidrogénio não pode ser utilizado sem ser comprimido e armazenado em cilindros de alta pressão, uma vez que a compressão do gás hidrogénio a altas pressões permite que o gás seja armazenado em quantidades razoáveis [1].

Embora a compressão do hidrogénio seja um desafio em si, o armazenamento do hidrogénio pressurizado em cilindros é outro desafio. [th]Embora seja comum construir um cilindro em aço inoxidável, este tipo de cilindros foi introduzido no século XIX para armazenar CO_2 para aplicações industriais. Os metais, devido à sua elevada densidade, não são utilizados para aplicações de armazenamento de gás a alta pressão, uma vez que aumentam o peso da garrafa. Assim, para a conceção dos cilindros, são considerados materiais com uma elevada relação resistência/peso. O titânio e a fibra de carbono, que oferecem uma elevada relação resistência/peso, podem ser a solução para o problema da seleção de materiais.

Uma vez que o mundo está a avançar para o hidrogénio como combustível para automóveis, a importância dos cilindros compósitos no sector automóvel aumentou. A utilização de cilindros de tipo 3 e de tipo 4 tem um impacto muito elevado, uma vez que são capazes de transportar mais combustível a pressões mais elevadas do que os cilindros de tipo 1. A instalação de cilindros compósitos num automóvel aumenta o seu desempenho, uma vez que os cilindros não só são leves em comparação com o seu antecessor, como também são muito mais seguros do que os cilindros convencionais. Por conseguinte, o aumento do desempenho e a redução do peso dos cilindros obrigaram os fabricantes de automóveis a utilizar cilindros compósitos em substituição dos cilindros metálicos.

Para reduzir ainda mais o peso do cilindro, está já em curso a investigação sobre cilindros do tipo 5 [2]. O peso do cilindro também pode ser reduzido através da introdução estratégica de nervuras nas paredes internas do cilindro. As nervuras actuam como reforços e absorvem uma quantidade considerável da carga do cilindro.

O estudo do guia aborda em pormenor a conceção e a análise de um cilindro compósito para aplicações com hidrogénio. A importância da relação resistência/peso dos materiais na conceção do cilindro é também analisada tendo em conta diferentes materiais e reduzindo o peso do cilindro. A continuação da investigação e do desenvolvimento de tais cilindros utilizando técnicas de fabrico modernas pode ajudar os fabricantes de equipamento original a desenvolver tais cilindros.

2. PESQUISA BIBLIOGRÁFICA

C B Mohan
Departamento de Engenharia Mecânica, Jyothy institute of Technology, Bengaluru,
Índia

2.1. Hidrogénio como combustível

O hidrogénio, quando comparado com a gasolina, é um combustível limpo e está disponível em abundância na atmosfera. Após a combustão, ao contrário da gasolina, o hidrogénio produz água em vez de dióxido de carbono. O hidrogénio é o gás mais leve do mundo, com uma densidade de 0,08988 kg/m3 e temperaturas de liquefação e solidificação de 20 K e 14 K, respetivamente [3].

Propriedades do Hidrogénio	
Número atómico	1
Massa atómica	1,007825 g.mol^{-1}
Eletronegatividade segundo Pauling	2.1
Densidade	0,0899*10 $^{-3}$ g.cm $_{-3}$ a 20 °C
Ponto de fusão	- 259.2 °C
Ponto de ebulição	-252.8 °C
Raio de Vanderwaals	0,12 nm
Raio iónico	0,208 (-1) nm
Isótopos	3
Concha eletrónica	1s1
Energia da primeira ionização	1311 kJ.mol^{-1}

Tabela 2.1: Propriedades do Hidrogénio [4]

O hidrogénio possui uma densidade energética que é cerca de três vezes superior à da gasolina e do gasóleo e tem ainda a vantagem de ser o combustível mais amigo do ambiente. A eficiência de Carnot da célula de combustível de hidrogénio é o dobro da eficiência obtida com motores de combustão interna [3]. Assim, a necessidade de um método eficaz para armazenar o hidrogénio é urgente.

Tabela 2. 2: Comparação das propriedades dos combustíveis [5]

Imóveis	Hidrogénio	Metano	Metanol	Etanol	Propano	Gasolina
Peso molecular (g/mol)	2.016	16.043	32.04	46.063	44.1	~107.000
Densidade (kg/m3 a 20°C e 1 atm)	0.08375	0.6682	791	789	1.865	751
Normal Ponto de ebulição (°C)	-252.8	-161.5	64.5	78.5	-42.1	27 - 225
Ponto de inflamação (°C)	<-253	-188	11	13	-104	-43
Limites de inflamabilidade no ar (Volume %)	4.0-75.0	5.0 15.0	6.7-36.0	3.3 - 19	2.1 - 10.1	1.0 - 7.6
Produção de CO2 por unidade de energia	0	1	1.5	N/A	N/A	1.8
Temperatura de auto-ignição no ar (°C)	585	540	385	423	490	230 - 480

Maior poder calorífico (MJ/kg)	142	55.5	22.9	29.8	50.2	47.3
Menor poder calorífico (MJ/kg)	120	50	27	27	46.3	44

2.2. Tipos de Cilindro

Há muitos anos que os cilindros são utilizados para transportar e armazenar combustível. São um dos meios mais eficazes de transporte de combustível de um local para outro. Estes cilindros são concebidos para suportar grandes quantidades de tensão e deformação. Os cilindros são preferidos a outras formas devido à sua segurança, especialmente durante o transporte de combustível. Nos últimos anos, os materiais utilizados para desenvolver estes cilindros evoluíram e são classificados como

Cilindros de tipo 1 - Os cilindros de aço sem costura são utilizados para armazenar GNC desde a década de 1940. Os cilindros italianos leves e de alta resistência foram introduzidos no final da década de 1970. Os cilindros de alumínio também têm sido utilizados para aplicações de armazenamento de gás, uma vez que constituem uma opção mais leve.

Cilindros de tipo 2 - Este tipo de cilindros é constituído por um invólucro metálico interior e um reforço exterior em material compósito nos lados do cilindro, mas não nas extremidades. O reforço foi enrolado sobre a superfície do cilindro. O próprio revestimento foi concebido para **suportar a pressão de funcionamento do cilindro sem o reforço. São a combinação dos cilindros de baixo custo do tipo 1 com os cilindros leves dos tipos 3 e 4.**

Cilindros de tipo 3 - Estes cilindros são feitos de revestimento metálico sem costuras e são enrolados por um reforço composto que fornece a força que é maioritariamente responsável pela resistência do cilindro. O revestimento metálico fornece a restante resistência ao cilindro e também melhora a resistência adicional ao impacto do cilindro.

Cilindros de tipo 4 - Estes cilindros são feitos de um invólucro de plástico e são totalmente envolvidos por um reforço composto, como fibra de vidro ou fibra de carbono. Ao contrário das garrafas anteriores, o revestimento actua apenas como uma barreira para o gás e não confere resistência à garrafa. O reforço fornece a resistência necessária à garrafa. Embora ocorra permeação com os invólucros de plástico, a taxa de permeação foi aceite pela comunidade científica. As garrafas são também equipadas com tampas resistentes ao impacto, em forma de cúpula, para aumentar a segurança da garrafa [6].

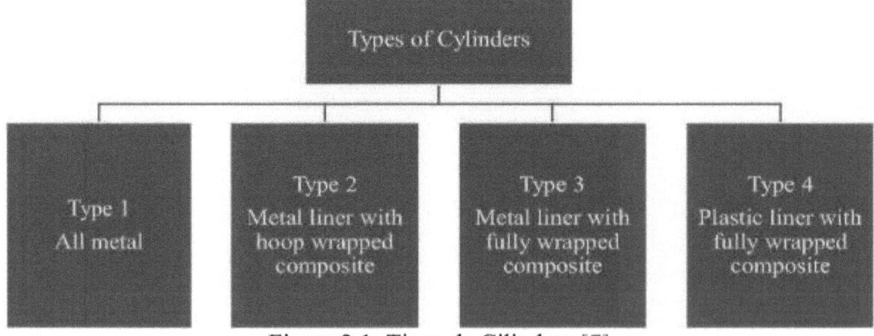

Figura 2.1: Tipos de Cilindros [7]

Os cilindros podem falhar por muitas razões diferentes. Algumas das causas de falha são

- Danos mecânicos
- Danos ambientais
- Sobrepressão
- Incêndio de veículos
- Problemas com o revestimento de plástico
- Problemas com o revestimento de metal

Os cilindros de tipo 4 são utilizados principalmente pela indústria automóvel para os veículos que renunciam aos cilindros metálicos de tipo 1. Algumas das vantagens dos cilindros de tipo 4 são as seguintes

- Peso leve
- Rentável
- Menos suscetível a fissuras de fadiga
- Elevada tenacidade e alongamento do material de revestimento
- O custo de capital para o fabrico é inferior
- Possibilidade de grandes diâmetros que contribuem para aumentar a capacidade de armazenamento do cilindro
- Pressão ultra-alta (>100 bar)

2.3. Conceção do cilindro

Os cilindros são normalmente concebidos tendo em conta os métodos de fabrico convencionais. O fabrico convencional limita a inovação de conceção que pode ser incorporada no cilindro para uma melhor utilização e segurança do sistema. Assim, a inovação centrar-se-á noutros parâmetros para além da conceção da estrutura. Foram exploradas várias outras alternativas para tornar o cilindro durável, leve e seguro para o funcionamento. Um desses projectos foi desenvolvido pela QUANTUM Technologies Worldwide, Inc. Neste caso, foi desenvolvido um cilindro indígena de tipo 4 no seu Centro de Tecnologia Avançada. A garrafa desenvolvida tinha um invólucro de polímero sem costuras, resistente à permeação e, numa só peça, era envolvida por várias camadas de laminado de fibra de carbono/epóxi e tampas de extremidade para proteção externa. As fugas foram minimizadas através da abertura de uma única saliência [8].

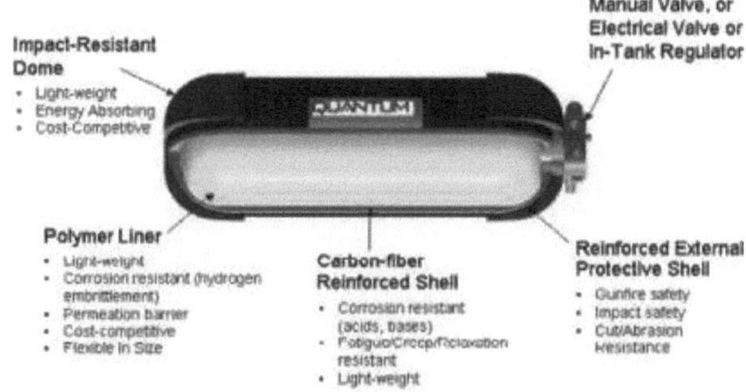

Figura 2.2: Desenho do Cilindro TriSheild [8]

Ilgaz Cumalioglu propôs um projeto interessante para desenvolver um cilindro de armazenamento de hidrogénio. O projeto sugeria um cilindro composto por três paredes, ou seja, a parede do filtro, a parede dinâmica e a parede exterior [3].

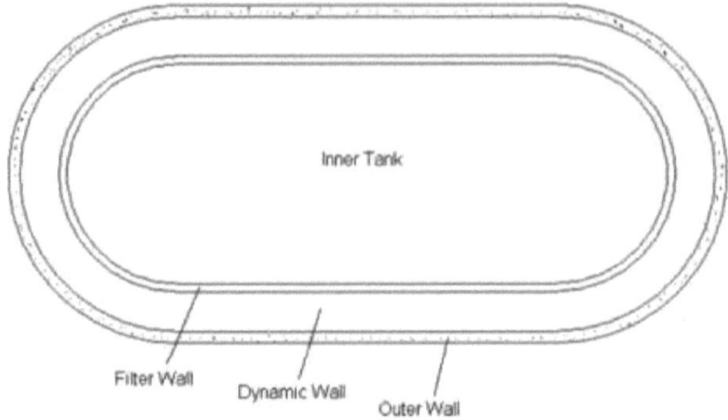

Figura 2.3: Conceção não convencional de um cilindro [3]

A parede exterior foi concebida para conferir resistência ao cilindro, tal como sugerido pela maioria das concepções convencionais. O cilindro foi concebido de forma a que, assim que o hidrogénio entra no depósito interno do cilindro, passe através da parede do filtro para a parede dinâmica, onde reage com o material da parede para formar um composto sólido que confere uma resistência adicional ao cilindro. O composto sólido só se forma sob a influência de alta pressão. A parede do filtro foi concebida de forma a atuar como uma membrana que permite que o hidrogénio flua livremente através da parede. A pressões mais baixas, o hidrogénio flui de volta para a região do depósito interno a partir da região da parede dinâmica.

Esta conceção torna o cilindro leve, pois são utilizados muito poucos materiais na sua construção. O objetivo da parede dinâmica não era apenas conferir uma resistência adicional ao cilindro, mas também limitar a taxa de permeação de hidrogénio do cilindro [9].

Os materiais considerados durante o processo de conceção desempenham um papel importante no desempenho destes reservatórios. Um processo de I&D levado a cabo por uma empresa dos EUA utilizou o alumínio 6061-T6 certificado pela ASTM B221 como material adequado para a sua extremidade. O tanque foi reforçado com fibra de carbono e laminado de fibra de vidro em que ambas as camadas estavam impregnadas de resina. O Toray T7500 foi utilizado para o revestimento de carbono das paredes do cilindro. O estudo também sugeriu que a espessura do revestimento deve situar-se entre 3,2 e 3,5 mm, com um fator de segurança entre 2,25 e 2,5. O estudo também informa sobre o desempenho de vários outros materiais e o seu desempenho quando os cilindros foram submetidos a ensaios destrutivos [10].

A variação da espessura da camada de compósito também tem um efeito sobre o desempenho e a capacidade de carga dos cilindros. A espessura da camada de compósito também depende do ângulo em que o compósito foi enrolado sobre a superfície do cilindro. O desempenho do CFRP e do GFRP varia com o ângulo em que o revestimento foi efectuado. Foi realizado um estudo sobre a otimização da espessura de um desses cilindros e verificou-se que a espessura efectiva do compósito era de cerca de 6 mm [11].

2.4. Fragilização por hidrogénio

O comportamento mecânico dos materiais metálicos pode degradar-se sob a influência do hidrogénio, o que pode conduzir a falhas. A fragilização pelo hidrogénio pode ser definida como o processo pelo qual um material suscetível ao hidrogénio difusível perde a sua ductilidade e resistência devido a fissuras que ocorrem devido à pressão interna do hidrogénio e à formação de limites de grão. Isto aumenta as possibilidades de fratura frágil do material. Os átomos de hidrogénio, que são solutos nos metais, concentram-se nas regiões defeituosas da estrutura cristalina do metal, actuando assim como uma barreira à propagação de deslocações no metal. Isto resulta na diminuição da ductilidade do material e torna-o frágil [7]. Assim, a seleção do material é fundamental quando o hidrogénio está envolvido em qualquer aplicação. O hidrogénio pode entrar nos metais durante vários processos

- Dissolução local durante a soldadura
- Processos electroquímicos
- Corrosão aquosa
- Quimisorção

A fragilização por hidrogénio foi geralmente observada à temperatura ambiente, pelo que o efeito pode ser negligenciado a temperaturas mais elevadas, ou seja, acima de +100° C. Os aços austeníticos instáveis são utilizados para recipientes sob pressão criogénicos. Estes recipientes sofrem uma fragilização máxima a - 100° C, o que pode levar à fissuração do tanque [12].

Um dos metais mais utilizados para aplicações de armazenamento de hidrogénio é o aço inoxidável 316/316L, uma vez que é considerado a referência em termos de resistência ao fenómeno de fragilização por hidrogénio. Chris San Marchi et.al efectuaram a caraterização mecânica de aços inoxidáveis austeníticos [13]. Os ensaios de tração realizados mostraram que a ductilidade relativa à tração dos aços inoxidáveis austeníticos não é adequada para aplicações relacionadas com o hidrogénio, ao passo que a ductilidade absoluta à tração sugeriu que uma vasta gama destes metais é muito mais dúctil do que os metais preferidos para aplicações de armazenamento de hidrogénio. Os dados de fadiga obtidos também sugerem que não há observações significativas no que diz respeito às tensões de fadiga dos metais quando expostos ao hidrogénio em sistemas de pressão. Os materiais adequados para aplicações à base de hidrogénio requerem muito mais do que ensaios de tração e de fadiga para avaliar a sua adequação a esses projectos.

Darren Michael Bromley [14] realizou um estudo sobre os efeitos da fragilização por hidrogénio no aço inoxidável 316/316L. Foram realizados ensaios de tração em ambiente de hidrogénio para compreender os efeitos do hidrogénio nas propriedades de tração do material. Os ensaios de tração revelaram diferenças no comportamento do material quando ensaiado na presença de hidrogénio e hélio, uma vez que apresentaram fracturas dúcteis e frágeis, respetivamente. A relação tensão-deformação manteve-se inalterada na presença de hidrogénio, mas a redução da área da secção transversal da amostra foi muito menor na presença de hidrogénio do que na presença de hélio. As propriedades do material não foram afectadas, mesmo na presença de hidrogénio, até ao ponto de fratura.

Foi efectuada uma microscopia estéreo dos espécimes para determinar o mecanismo de rutura. Os espécimes expostos ao hélio sofreram uma fratura dúctil quando comparados com os expostos ao hidrogénio, que sofreram uma fratura frágil. Os espécimes que foram testados a -40° C sofreram os mesmos modos de falha, mas a diferença foi a deformação localizada. Os espécimes ensaiados à temperatura ambiente mostraram um estrangulamento no início da fratura em ambos os casos, ao passo que, a uma temperatura mais baixa, os espécimes expostos ao hidrogénio não mostraram sinais de estrangulamento antes da fratura.

As micrografias SEM dos provetes de ensaio mostraram uma fratura dúctil em ambos os casos, independentemente da temperatura. O espécime testado à temperatura ambiente mostrou uma superfície de fratura frágil predominante, enquanto o espécime testado a -40° C na presença de hidrogénio mostrou uma fratura dúctil no centro do espécime.

Os ensaios de tração com carga de hidrogénio indicaram que as fissuras estavam presentes na superfície, mas ausentes na maior parte do material. Os testes de permeação realizados revelaram a presença de hidrogénio no material. Semelhante ao teste de ambiente de hidrogénio, observou-se que os espécimes falharam no centro sem alteração das propriedades do material. As micrografias SEM indicam um desempenho semelhante, independentemente do método utilizado para determinar o efeito do hidrogénio no material. O estudo também refere a importância da temperatura e da pressão de hidrogénio a que os espécimes de teste são submetidos a vários processos de caraterização.

2.5. Influência da metalização nas propriedades do material

A galvanoplastia é um processo pelo qual os iões migram através de uma solução de um elétrodo positivo para um negativo. A corrente eléctrica que passa através da solução faz com que os objectos no cátodo sejam revestidos pelo metal na solução. Os materiais mais comummente revestidos em plásticos são o cobre e o níquel. O ligeiro aumento das propriedades do material devido ao revestimento metálico sobre os materiais pode ser de grande importância na definição de uma aplicação adequada.

Um estudo efectuado por S. Kannan et.al mostrou um aumento da resistência ao impacto e da dureza do ABS revestido com NI utilizando o processo FDM. Foram efectuados ensaios de impacto e de dureza em espécimes com diferentes espessuras de revestimento. Foram efectuados ensaios de impacto de peso por queda e ensaios de dureza Rockwell para obter as respectivas propriedades do material. O ensaio de impacto realizado mostrou um aumento de 243% na resistência ao impacto dos espécimes de 80 microns e um aumento de 147% nos espécimes de 70 microns, enquanto os espécimes de 60 microns mostram uma diminuição de 45% na resistência ao impacto quando comparados com os espécimes de ABS não revestidos. A dureza dos espécimes revestidos a Ni também aumentou em 6,3%, 7,7% e 11,2% para espécimes de 60, 70 e 80 microns, respetivamente [15].

Os ensaios de microdureza realizados em amostras revestidas com Ni mostram que foi obtida uma dureza máxima de 157,1 HV para uma tensão de entrada de 1,5V, pH de 3,6 a 50° C. O aumento da microdureza foi de cerca de 316,8% quando comparado com o espécime não revestido. Foi observada uma diminuição significativa da taxa de desgaste de cerca de 95,5% nos espécimes revestidos em comparação com os espécimes não revestidos [16].

O cobre foi depositado no ABS através de um processo muito mais simples e sem complicações, como a pulverização térmica. O teste de aderência mostrou uma forte ligação entre o substrato e o metal depositado. A análise microscópica mostra uma espessura uniforme do metal depositado na superfície do substrato. Os testes de desgaste por deslizamento confirmaram que o revestimento é estável e indicaram a melhoria da resistência ao desgaste própria do material de base. O método utilizado é bastante simples e seguro, uma vez que não são libertados agentes tóxicos durante o processo [17].

Num estudo relacionado com os efeitos dos líquidos iónicos no processo de revestimento eletrolítico, verificou-se que a espessura do revestimento era suave, pura e densa. A espessura máxima de revestimento alcançada foi de cerca de 3,67 microns para uma duração de 150 minutos. Também se observou que os metais depositados eram predominantemente cobre e níquel e que a deposição homogénea de metais foi observada na superfície do material de base [18].

O titânio, que é suscetível à fragilização por hidrogénio, pode ser isolado através do

revestimento da superfície com zircónio, o que evita a fragilização por hidrogénio do sistema
[19].

2.6. Influência da pressão de enchimento e da temperatura na Sistema

O hidrogénio, como qualquer outro gás, é enchido nestas garrafas a pressões muito elevadas,
o que, por sua vez, aumenta a temperatura do sistema. Este aumento súbito da temperatura
pode induzir tensões térmicas que conduzem à rutura da garrafa. Por isso, é importante
compreender os efeitos do processo de enchimento rápido e a importância da temperatura
durante estes processos.

As temperaturas durante este processo foram reduzidas com a ajuda de uma válvula redutora
de pressão e de um permutador de calor. Isto também pode causar uma alteração da
capacidade de armazenamento do cilindro, enquanto a temperatura é reduzida à medida que o
número de ciclos aumenta. O estudo assumiu o isolamento térmico durante o carregamento,
enquanto a transferência de calor para o meio envolvente foi analisada considerando a
condução e a convecção [9].

Liang Wang et.al [20] efectuaram um estudo sobre o comportamento termo-mecânico da
estrutura compósita para compreender melhor o aumento significativo das temperaturas
durante o processo de enchimento rápido. O estudo mostrou uma distribuição homogénea da
temperatura nas paredes do cilindro. A análise indicou que o material do revestimento se
expande devido à pressão extrema e às altas temperaturas. A camada composta comprime o
revestimento expandido quando este é sujeito a cargas térmicas. Também confirma o facto de
o revestimento estar em estado plástico devido a pressões internas muito elevadas.

As cargas térmicas actuam na garrafa não só durante o processo de enchimento, mas também
devido a factores externos, como um incêndio localizado. Nestes cenários, verificou-se que a
distribuição da temperatura nas paredes da garrafa é geralmente irregular. O aumento da
temperatura e da pressão, tanto interna como externamente, contribuiu para a ativação de uma
válvula de descompressão. A experiência também mostrou que a diferença entre as pressões
interna e externa era muito pequena [21].

A proteção térmica contra incêndios localizados é muito importante, uma vez que o fluido
utilizado é o hidrogénio. A proteção térmica é essencial, uma vez que estão em risco as vidas
dos passageiros a bordo e dos socorristas. A resistência ao fogo pode ser conseguida através
da utilização de tinta intumescente. Esta actua como isolante térmico e impede a explosão da
garrafa. A espessura desejada do revestimento de tinta, de acordo com o estudo, é de cerca de
20 mm [22].

A GasTef, uma instalação de ensaios polivalente, efectuou muitos ensaios relativos aos efeitos
da pressão de enchimento e das variações de temperatura durante o processo de enchimento
[23].

2.7. Ensaio de cilindros

O cilindro projetado e desenvolvido deve ser submetido a uma série de ensaios para ser
certificado para utilização comercial. Como a segurança do público em geral também está em
causa, são efectuados vários ensaios destrutivos para garantir a segurança da garrafa e do
público. Os ensaios a efetuar, em conformidade com as normas ISO, são os seguintes [24]

1. Ciclos de pressão a temperaturas extremas
2. Gás hidrogénio Ciclismo

3. Rutura por tensão acelerada

4. Permeação

5. Teste de impacto

6. Exposição a produtos químicos

7. Tolerância a defeitos em compósitos

8. Temperatura ambiente Pressão cíclica

9. Fuga antes da rutura

10. Binário do chefe

11. Teste da fogueira

12. Teste de penetração

13. Pressão de rutura hidrostática

14. Ciclos periódicos de pressão à temperatura ambiente

15. Teste de materiais

16. Testes de produção de rotina, tais como testes de estanquidade, testes hidráulicos, etc.
Alguns dos testes acima mencionados são enumerados a seguir, de acordo com a literatura disponível.

17. .1. Prova da fogueira

O cilindro é colocado numa fogueira a uma temperatura de 590° C, de acordo com as normas ISO 15869 [24]. Permite-se que o hidrogénio no interior da garrafa escorra e não rebente [25] [6].

Figura 2.4: Ensaio da fogueira [25]

18. .2. Teste de penetração

A configuração do ensaio foi efectuada em conformidade com os protocolos da norma ISO 15689 e não se previa a rutura do cilindro [24]. O cilindro é colocado numa bancada e é disparada uma bala de 7,62 mm de uma espingarda de calibre 0,308 num ângulo de 45 graus em relação ao eixo longitudinal [25]. Prevê-se que o gás hidrogénio vaze do orifício da bala e não rompa o cilindro.

Figura 2.5: Ensaio de penetração [25]

19. Ensaio de pressão de rutura hidrostática

Os requisitos mínimos de pressão de rutura e de rácio de tensões têm de ser cumpridos em conformidade com as normas ISO 15869 [24] [26]. As garrafas são avaliadas quanto ao tipo de rotura e à pressão a que a rotura ocorre.

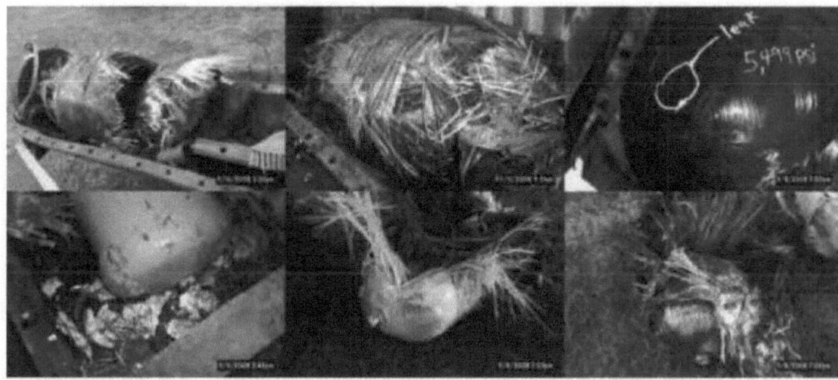
Figura 2.6: Ensaio de pressão de rotura [25]

20. .4. Ensaio do revestimento

O revestimento do cilindro foi testado para uma pressão de serviço de 70 MPa, enchendo o cilindro até 50% ou 100% do estado de carga. As tomografias computorizadas revelaram o estado do invólucro de um cilindro de tipo 4. Na maioria dos casos, observou-se que a descompressão do hidrogénio afecta o invólucro compósito [27].

21. .5. Ensaio de fadiga

O ensaio centra-se principalmente na obtenção das propriedades de fadiga, do comportamento em caso de falha e dos modos de carregamento e descarregamento do hidrogénio de segurança. Observou-se um aumento e uma diminuição da temperatura durante os estados de carga e descarga. Verificou-se também que a resistência final do recipiente compósito diminui 15% após 500 ciclos de fadiga [28].

2.8. Normas ISO 15869

Quadro 2.3: Especificações de ensaio do cilindro [24]

Tipos de Cilindros	Tipo 1 - Todo em metal. Tipo 2 - Revestimento metálico com compósito enrolado em aro. Tipo 3 - Revestimento metálico com compósito totalmente revestido. Tipo 4 - Revestimento de plástico com compósito totalmente revestido.
Pressão de trabalho	Pressão de assentamento do gás comprimido a *uma* temperatura uniforme de 15 °C num depósito de combustível cheio. A pressão de funcionamento deve ser especificada pelo fabricante. A pressão máxima de enchimento não deve exceder 1,25 vezes a PNT.
Conceção	Capacidade não especificada, temperatura entre -4O° C e 85^0 C. Os reservatórios de combustível serão projectados para 11250 ciclos (15 anos de utilização comercial pesada). Pode ser especificado um número reduzido de 5500 ciclos de enchimento durante o tempo de vida do veículo, se for utilizado um sistema de contador.
Pressão de rebentamento	2,25 WP para o metal. Vidro - 2,4 WP para o tipo 2, 3,4 WP para o tipo 3, 3,5 WP para o tipo 4. Carbono - 2,0-2,25 WP para WP>35 MPa.
Rácio de tensão	Vidro - 2,65 WP para o tipo 2, 3,5 WP para os tipos 3 e 4. Carbono - 2,0-2,25 WP para WP>35 MPa.

2.8.1. Primeira série de ensaios de qualificação

Extremo Temperatura Pressão Ciclagem	11250 ou 5500 ciclos - metade do ensaio deve ser efectuado a 85 °C e a outra metade a -40 °C. Os reservatórios não devem apresentar qualquer indício de fuga, rutura ou desfiamento das fibras. A pressão de rotura deve exceder 80 % da pressão média de rotura.
Ciclo de gás hidrogénio	Não especificado
Acelerado Rutura de tensão	lOOOh de exposição a 1,25 WP e 85°C.
Permeação	500 h de ensaio a 1,25 WP à temperatura ambiente, 2,8 cc/h/l de capacidade de água a 70 MPa e 2,0 cc/h/l a 35 MPa.

2.8.2. Segunda série de ensaios de qualificação

Teste de impacto	Não há fugas até 2250 ciclos, nem rutura após 11250 ciclos. O cilindro pode ser largado de uma altura de 3 metros ou pode ser largado um peso morto de 2 toneladas sobre o cilindro e verificado se há danos na superfície.
Química Exposição	Sem pré-condicionamento a - 40°C, exposição a produtos químicos, ciclos de pressão a 1,25 ciclos de enchimento (3300 ou 6650 ciclos), manutenção da pressão durante 24 horas a 1,25 WP.
Tolerância a defeitos em compósitos	Nenhuma fuga ou rutura nos primeiros 2250 ciclos de enchimento, nenhuma rutura durante os restantes ciclos.
Ciclos de pressão à	O reservatório não deve apresentar fugas ou rupturas após o número

temperatura ambiente (Parte 1)	de ciclos especificado.
Ciclos de pressão à temperatura ambiente (Parte 2)	Ciclado até 3 vezes a quantidade especificada de ciclos de enchimento. Fuga mas não rutura.
Fuga Antes Intervalo	Se o reservatório não passar no ensaio acima referido (Parte 2).
Binário do chefe	Para o ensaio, deve ser aplicado o binário especificado pelo fabricante.

Quadro 2.4: Testes de segunda qualificação [24]

2.8.3. Terceira série de testes de qualificação

Tabela 2.5: Ensaios de terceira qualificação [24]

Fogueira (590°C)	A realizar no reservatório com o PRD ou no sistema de armazenagem de hidrogénio.
Penetração	Bala de 7,62 mm para ser disparada de uma espingarda. Deve vazar mas não romper.
Pressão de rutura hidrostática	Os requisitos mínimos de pressão de rutura e de rácios de tensão têm de ser cumpridos.

2.8.4. Ensaios de amostragem

Tabela 2.6: Testes de amostragem [24]

Pressão de rutura hidrostática	90 % da pressão média de rutura.
Ciclos periódicos de pressão à temperatura ambiente	Os reservatórios não devem apresentar fugas ou rupturas antes de atingir o número de ciclos de enchimento (11250 ou 5500 ciclos).
Ensaios de materiais.	Não especificado

2.8.5. Ensaios de rotina

Tabela 2.7: Testes de rotina [24]

Testes de rotina de produção	Inspeção dimensional, NDE de reservatórios de combustível metálicos e revestimentos, exame de revestimentos soldados, inspeção de revestimentos plásticos e ensaios de dureza de reservatórios de combustível metálicos e revestimentos.
	Ensaio hidráulico
	Ensaio de fugas

2.9. Resultado da pesquisa bibliográfica

Os seguintes aspectos foram depreendidos das literaturas revistas

•   O revestimento metálico é preferido para melhorar as propriedades do material, como o desgaste, a dureza, o impacto, etc., e também para reduzir as possibilidades de fragilização do material pelo hidrogénio.

- Comportamento dos materiais após exposição ao hidrogénio.
- Melhoria do desempenho do ABS após revestimento metálico.
- Influência da temperatura no cilindro durante o enchimento sob pressão.
- Normas de ensaio.

2.10. Objetivo do projeto

Otimizar o peso do cilindro de armazenamento de hidrogénio e avaliar o seu desempenho através da análise do cilindro com diferentes materiais, submetendo-o a uma pressão interna de 350 bar.

3. METODOLOGIA

Para atingir o objetivo definido, é seguida a metodologia abaixo indicada.

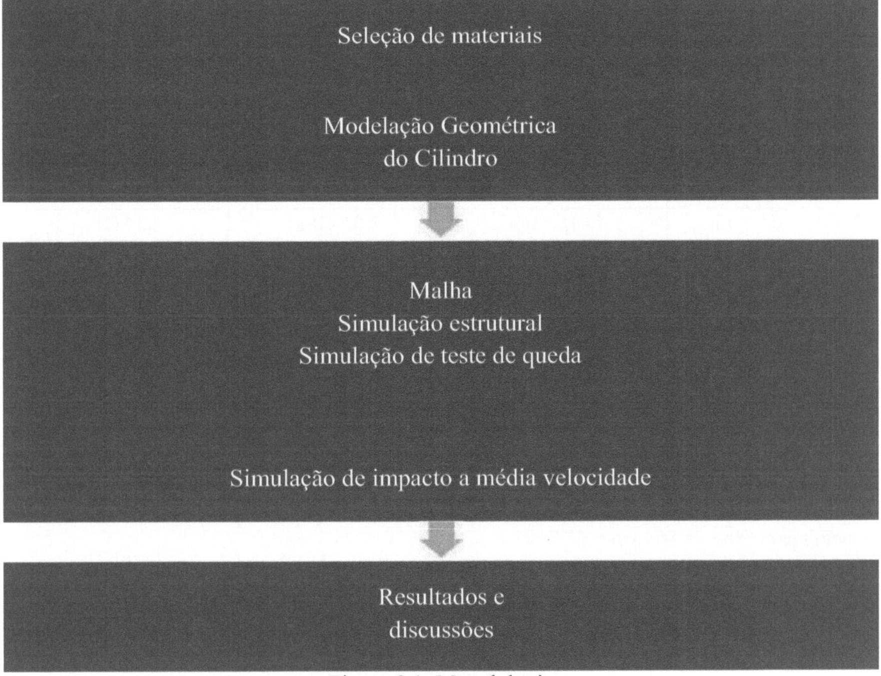

Seleção de materiais

Modelação Geométrica
do Cilindro

Malha
Simulação estrutural
Simulação de teste de queda

Simulação de impacto a média velocidade

Resultados e
discussões

Figura 3.1: Metodologia

3.1. Seleção de materiais

A seleção do material é o primeiro passo no desenvolvimento do produto ou no processo de análise. Considerando que o cilindro vai ser enchido com hidrogénio e sujeito a uma pressão interna de 350 bar, o aço inoxidável 316L é a escolha natural. Como o aço inoxidável 316L é imune à fragilização por hidrogénio, é considerado a escolha ideal, mas a sua baixa relação resistência/peso é um problema. Para suportar uma pressão interna elevada, é necessário conceber um cilindro com uma espessura de parede considerável, o que, por sua vez, torna o cilindro pesado.

Por isso, é preferível utilizar um material como o titânio, com a sua elevada relação resistência/peso. A modelação de todo o cilindro com titânio classifica-o como um cilindro de tipo 1. O titânio tem uma densidade de 4,43 g/cc, o que o torna muito leve quando comparado com o SS 316L. Tem um limite de elasticidade de 790 MPa, o que aumenta a tensão de trabalho do cilindro. Para reduzir ainda mais o peso, pode ser incorporado um revestimento com uma espessura de parede fixa, que pode ser reforçado por camadas de fibra de carbono/fibra de vidro. O material do revestimento pode ser o próprio titânio ou um material muito mais leve, como o ABS. A fibra de carbono, com um limite de elasticidade de cerca de 1845 MPa, suporta a maior parte da carga exercida nas paredes internas do cilindro. O revestimento de titânio com fibra de carbono reforçada é classificado como cilindro de tipo 3 e o revestimento de ABS reforçado com fibra de carbono é classificado como cilindro de tipo 4. O ABS, um material muito mais leve do que o titânio ou o aço inoxidável 316L, apresenta vantagens significativas em relação a estes materiais. A baixa densidade do ABS garante a leveza do cilindro e a inércia do ABS torna-o imune à fragilização por hidrogénio, tornando-o assim um material adequado. As folhas de fibra de carbono com 0,2 mm de espessura são totalmente enroladas em torno do invólucro do cilindro com o número de camadas desejado. O envolvimento em arco é feito cuidadosamente, fixando o revestimento entre um par de mandris para garantir que o revestimento é reforçado em todas as direcções possíveis.

Tabela 3.1: Propriedades dos materiais

Imóveis	Titânio	ABS	Fibra de carbono
Densidade	4,43 g/cc	1,08 g/cc	1,54 g/cc
Módulo de Young	113,8 GPa	2,05 GPa	209 GPa
Coeficiente de Poisson	0.342	0.35	0.3
Resistência ao escoamento	790 MPa	45 MPa	1845 MPa
Força máxima	860 MPa	38,7 MPa	1648 MPa

3.2. Modelação Geométrica

A modelação do cilindro é efectuada através do software CATIA V5. O rácio entre o comprimento e o diâmetro é considerado como 4 (L/D = 4), a partir do qual o comprimento do cilindro é determinado como sendo 1000 mm e o diâmetro como 250 mm. O modelo com as dimensões adequadas é apresentado na fig. 3.1. O cilindro foi concebido para ter uma capacidade interna de 56 litros.

Figura 3.2: Dimensões do cilindro

Para reforçar a resistência do cilindro, são concebidas estruturas de nervuras internas nas superfícies interiores do cilindro, com uma largura e altura de 10 mm. No total, são concebidas 9 nervuras horizontais e 8 verticais a intervalos iguais. Como as nervuras proporcionam a resistência adicional necessária ao cilindro, o número de camadas de fibra de carbono a envolver pode ser reduzido, o que reduz ainda mais o peso do cilindro.

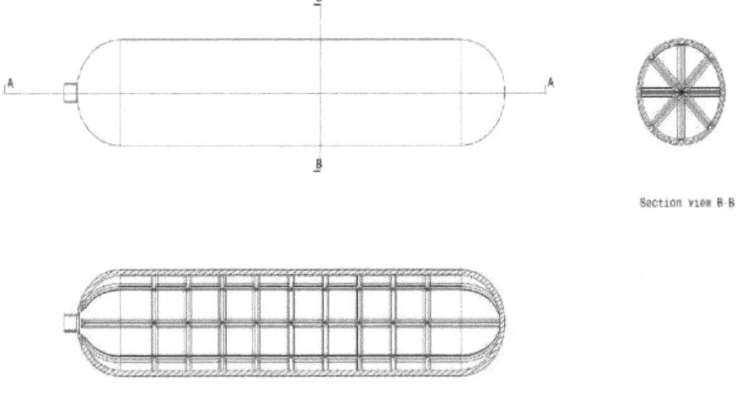

Figura 3.3: Cilindro com nervuras

3.3. Malha

A análise de elementos finitos é efectuada no software ANSYS Workbench 2021, pelo que a criação de malhas é feita utilizando o componente Mesh. Durante a criação da malha, o ANSYS Workbench seleciona o tipo de elemento adequado a partir da sua base de dados. Os elementos SOLID 186 e SOLID 95, quando engrenados, têm naturalmente uma forma hexaédrica, enquanto os elementos SOLID 187 e SOLID 92 são ambos elementos sólidos tetraédricos de segunda ordem com 10 nós em 3D [29].

3.3.1. Malha para análise estrutural

O modelo completo é engrenado com tetraedros. A qualidade do elemento é mantida de acordo com o rácio de aspeto e o tamanho do elemento é definido para 5 mm. O modelo, após a criação da malha, é ainda avaliado quanto ao colapso do tetraedro e as faces dos elementos são adequadamente ajustadas às faces do cilindro. Do mesmo modo, os cilindros de Tipo 3 e de Tipo 4 são sujeitos aos mesmos parâmetros de malha. É criado um mínimo de 1718475 nós e 1142923 elementos para analisar o modelo em todos os casos.

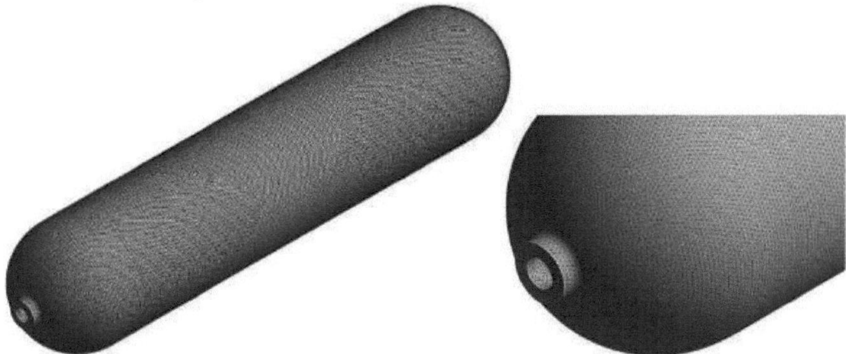

Figura 3.4: Malha para análise estrutural

3.3.2. Malha para análise explícita

O ANSYS Explicit Workbench é utilizado para efetuar o ensaio de queda e o ensaio de impacto a média velocidade do cilindro. A malha do pavimento de betão é feita com hexaedros com um tamanho de elemento de 10 mm e a malha dos cilindros é feita com tetraedros com um tamanho de elemento de 8 mm. A relação de aspeto é mantida em todo o modelo para garantir a qualidade dos elementos. É criado um mínimo de 1179691 nós e 266699 elementos para a simulação, de modo a analisar o modelo para todos os casos.

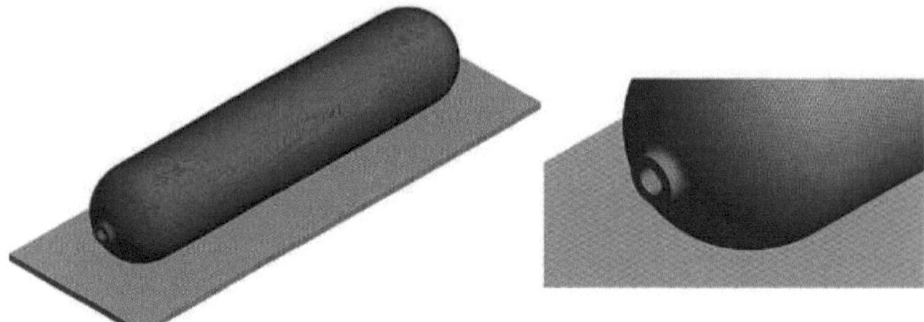

Figura 3.5: Malha para simulação de queda horizontal e impacto a média velocidade

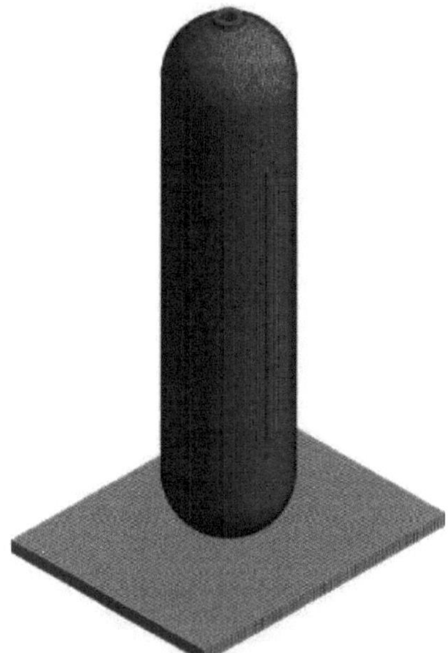

Figura 3.6: Malha para simulação de queda vertical

3.4. Condições de fronteira da simulação

Uma vez que o cilindro está sujeito a uma pressão interna elevada, é necessário garantir a sua integridade estrutural. Além disso, a segurança do cilindro deve ser analisada em condições de funcionamento tão duras. Assim, foram efectuadas as seguintes simulações no cilindro:-
Análise estrutural

Teste de queda

Teste de impacto de velocidade média

A análise estrutural do cilindro é efectuada com o ANSYS Static Structural e os ensaios de queda e de impacto a média velocidade são analisados com o ANSYS Explicit Dynamics.

3.4.1. Condições de fronteira para a análise estrutural

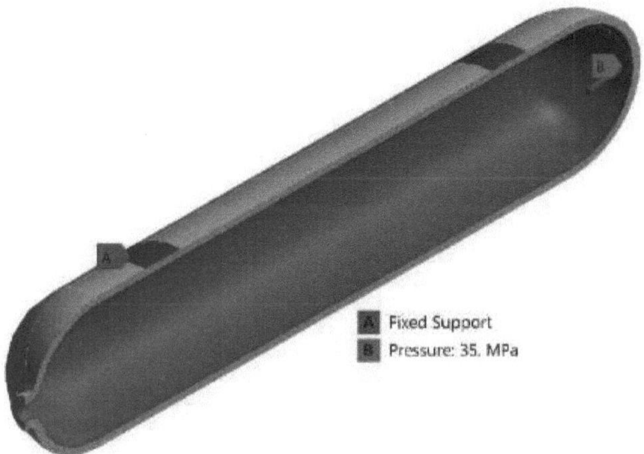

Figura 3.7: Condições de fronteira - Análise estrutural

Como o cilindro foi concebido como um tanque de armazenamento para automóveis, considera-se melhor reproduzir o cenário real durante a simulação. Uma vez que o cilindro será mantido por dois aros metálicos num automóvel, o cilindro é fixado em todos os graus de liberdade exatamente no mesmo local. Além disso, as paredes interiores do cilindro estão sujeitas a uma pressão interna uniforme de 35 MPa, uma vez que a pressão de enchimento é de 350 BAR. No caso dos cilindros de tipo 3 e 4, a superfície de contacto entre a superfície exterior do invólucro e a superfície interior da fibra de carbono é classificada como contacto colado. O contacto colado garante que o cilindro é um corpo homogéneo. O cilindro é analisado quanto à tensão máxima, às deformações e ao fator de segurança.

3.4.2. Condições de fronteira para o ensaio de queda

O cilindro é sujeito a queda sob a influência exclusiva da gravidade, tanto na orientação horizontal como na vertical. O desempenho do cilindro é também avaliado tanto em condições de vazio como de cheio, ou seja, com e sem a influência da pressão do gás nas paredes interiores do cilindro. O pavimento de betão sobre o qual o cilindro cai é fixo em todos os graus de liberdade. Toda a simulação é efectuada para um intervalo de tempo de 1 milissegundo e o intervalo de tempo é dividido em 21 passos de tempo para obter precisão. O cilindro é analisado quanto à tensão induzida e a parte inferior do cilindro é também inspeccionada quanto à mesma. As condições de fronteira para cada caso estão representadas nas figuras 3.7 a 3.10.

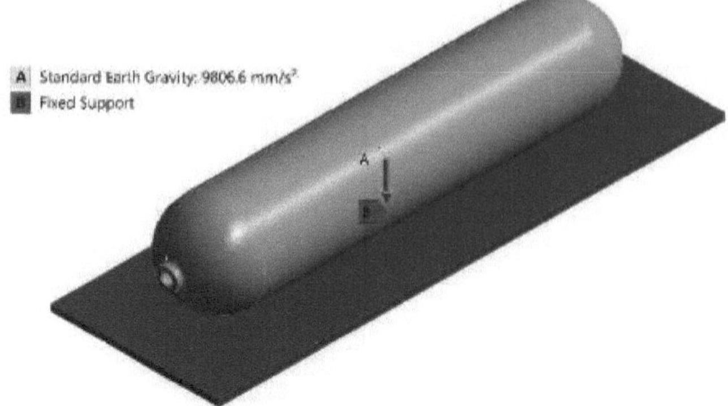

Figura 3.8: Condição de fronteira de queda horizontal - Cilindro vazio

Figura 3.9: Condição de fronteira de queda horizontal - Cilindro cheio

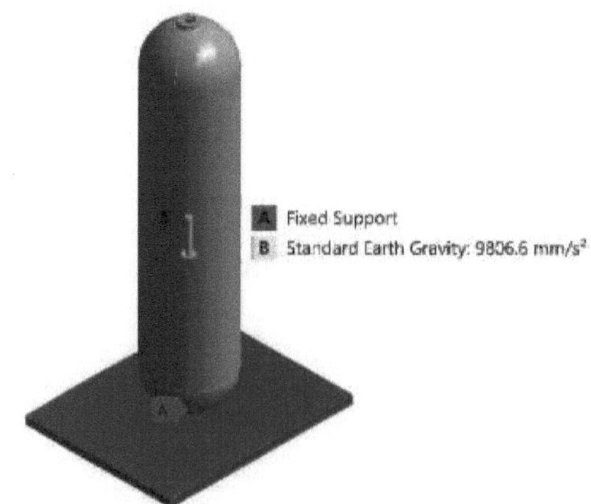

Figura 3.10: Condição de fronteira de queda vertical - Cilindro vazio

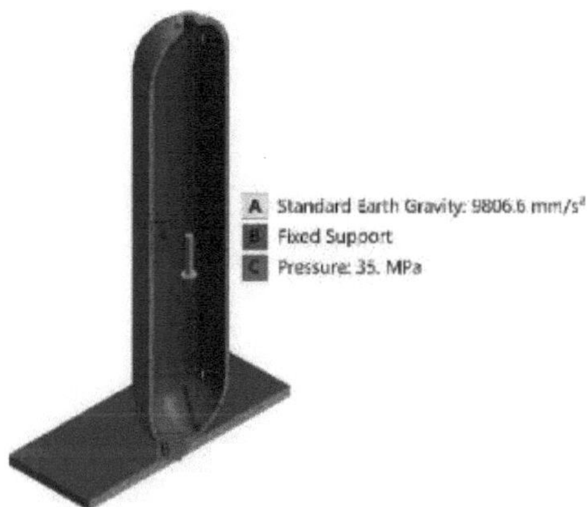

Figura 3.11: Condição de fronteira de queda vertical - Cilindro cheio

3.4.3. Condições de fronteira para o ensaio de impacto a média velocidade

Esta simulação é efectuada para compreender o desempenho do cilindro sob a influência da gravidade e da velocidade. O cilindro é avaliado quanto à deformação e às tensões induzidas durante o impacto. Embora a geometria utilizada no ensaio de queda horizontal se mantenha, são introduzidos alguns aditamentos nas condições de fronteira. Em primeiro lugar, considera-se que a influência da gravidade é perpendicular à direção do movimento. Em segundo lugar, considera-se que o cilindro está a deslocar-se a uma velocidade de 70 km/h. A parede de betão é considerada fixa em todos os graus de liberdade. Também à semelhança do ensaio de queda, o desempenho do cilindro é avaliado com e sem a presença de pressão interna de gás. O intervalo de tempo e o número de passos de tempo são mantidos.

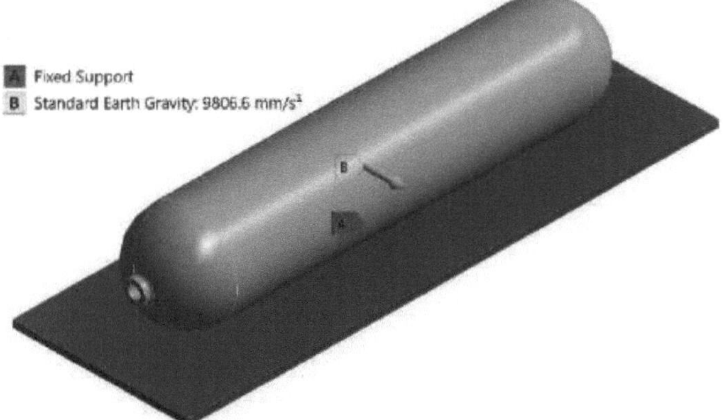

Figura 3.12: Condição limite de impacto a velocidade média - Cilindro vazio

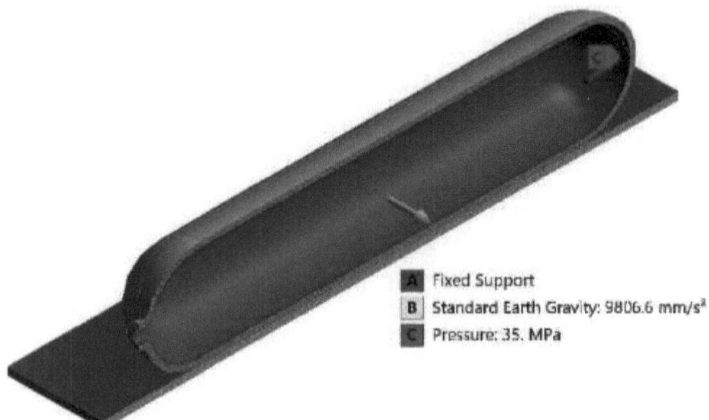

Figura 3.13: Condição limite de impacto a velocidade média - cilindro cheio

4. RESULTADOS E DEBATES

De acordo com as discussões nos capítulos anteriores, quatro versões de cilindros são submetidas aos mesmos ensaios sob as mesmas condições de fronteira. Os quatro modelos são os seguintes

- Tipo 1 - Cilindro de titânio totalmente metálico
- Tipo 3 - Cilindro com revestimento de titânio reforçado com fibra de carbono totalmente revestida
- Tipo 4 sem nervuras (WoR) - Cilindro com revestimento em ABS reforçado com fibra de carbono totalmente envolvida
- Tipo 4 com nervuras (WR) - Cilindro com revestimento em ABS com estrutura interna de nervuras reforçada com fibra de carbono totalmente envolvida

4.1. Análise estrutural

4.1.1. Cilindro de tipo 1

As Fig. 4.1 e 4.2 mostram os contornos de deformação e tensão do cilindro. A deformação e a tensão máximas de 0,33 mm e 341,67 MPa, respetivamente, são encontradas na superfície interior do corpo do cilindro. Os padrões de tensão e deformação de franja são observados em ambos os lados da região de fixação, o que indica concentração de tensão nas extremidades das pinças. As extremidades hemisféricas do cilindro sofrem menos deformação e têm valores de tensão muito menores quando comparados com o corpo do cilindro. Para obter um fator de segurança superior a 2,25, o cilindro é concebido com uma espessura de parede de 15 mm, o que faz com que o peso do cilindro seja de cerca de 70 kg. Obtém-se um fator de segurança de 2,31 para este cilindro.

Figura 4.1: Tipo 1 - Deformação

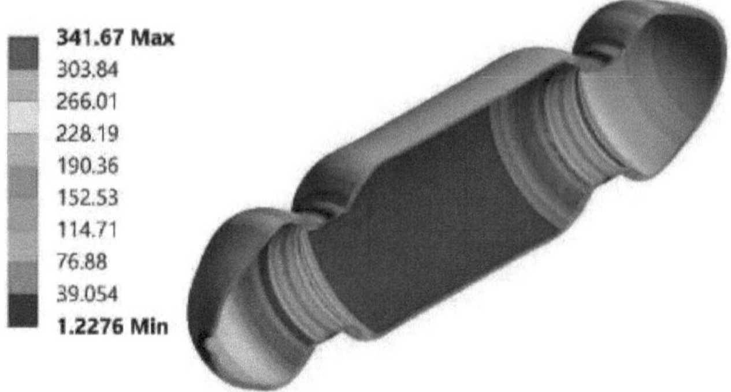

Figura 4.2: Tipo 1 - Tensão

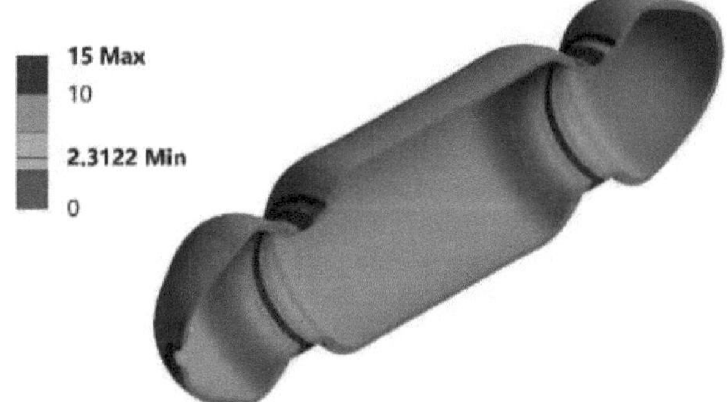

Figura 4.3: Tipo 1 - Fator de segurança

4.1.2. Tipo 3 Cilindro

Ao contrário do cilindro do Tipo 1, em que a propagação de tensões ao longo da espessura da parede é uniforme, no cilindro do Tipo 3, parte da carga pesada é efectuada pelo invólucro de fibra de carbono colocado sobre o cilindro. As Fig. 4.4 e 4.5 mostram os contornos de deformação e de tensão do cilindro. Vê-se claramente nos contornos que a deformação máxima e a tensão induzida se situam no centro da superfície interna do cilindro. Embora a tensão seja elevada no revestimento de titânio, a tensão induzida no invólucro de fibra de carbono é muito reduzida. Obtém-se um fator de segurança de 2,27 quando o cilindro pesa 43 kg e tem uma espessura de parede efectiva de 19 mm.

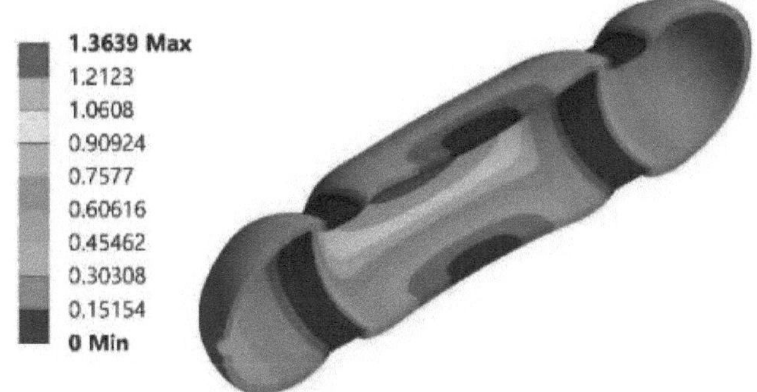

Figura 4.4: Tipo 3 - Deformação

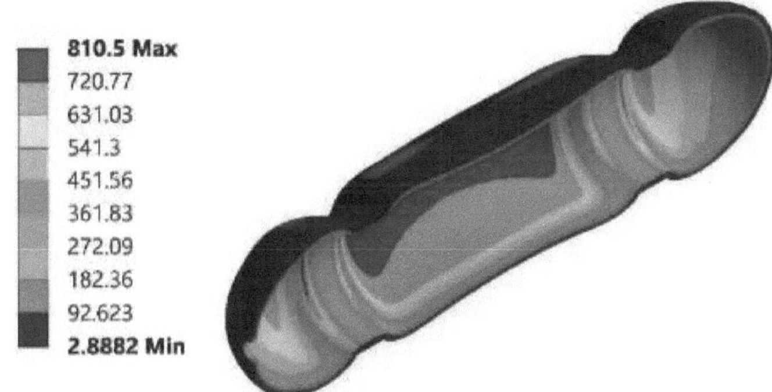

Figura 4.5: Tipo 3 - Tensão

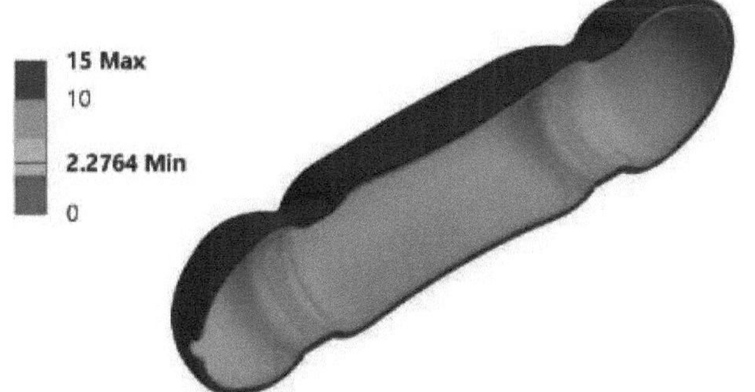

Figura 4.6: Tipo 3 - Fator de segurança

4.1.3. Tipo 4 Cilindros sem nervura

No cilindro de tipo 3, o invólucro de fibra de carbono suportou uma parte da carga aplicada. Já no cilindro do Tipo 4, como o ABS é um material fraco e quebradiço, a maior parte da pressão aplicada é suportada pelo invólucro de fibra de carbono. As Fig. 4.7 e 4.8 mostram os contornos de deformação e de tensão do cilindro, respetivamente. Embora a deformação seja uniforme ao longo da espessura do cilindro, observa-se que a maior parte da tensão é induzida entre o invólucro de fibra de carbono e a superfície exterior do invólucro. A concentração de tensões é observada adjacente à área de aperto. Obtém-se um fator de segurança de 2,48 enquanto o cilindro pesa 42,56 kg com uma espessura de parede efectiva de 26 mm.

Figura 4.7: Tipo 4 WoR - Deformação

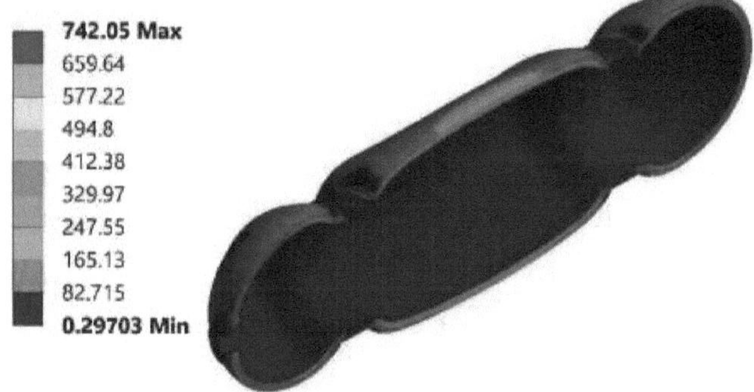

Figura 4.8: Tipo 4 WoR - Tensão

Figura 4.9: WoR de tipo 4 - Fator de segurança

4.1.4. Tipo 4 Cilindros com nervura

Como o ABS é um material fraco e quebradiço, o invólucro de fibra de carbono absorve a maior parte da pressão aplicada nos cilindros de tipo 4. Assim, são concebidas nervuras internas que percorrem as paredes interiores do invólucro de ABS, fornecendo a resistência necessária para partilhar a carga entre o invólucro e a fibra de carbono. As Fig. 4.10 e 4.11 mostram os contornos de deformação e de tensão do cilindro, respetivamente. A deformação máxima é de 2,9 mm e a tensão induzida é de 791,81 MPa. Obteve-se um fator de segurança de 2,33 com uma espessura de parede efectiva de 22 mm e o cilindro pesa 37,83 kg.

Figura 4.10: Tipo 4 WR - Deformação

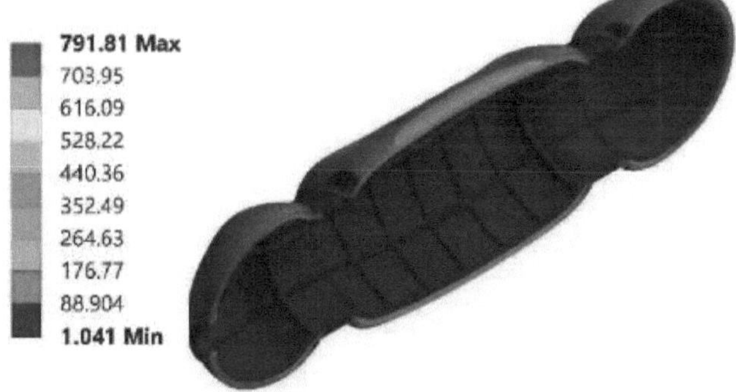

Figura 4.11: Tipo 4 WR - Tensão

Figura 4.12: Tipo 4 WR - Fator de segurança

4.1.5. Resumo

Cilindro	Eficaz Parede Espessura	Peso do cilindro	Total Deformação	Máximo Induzido Stress	Rendimento Stress

Tipo 1	15 mm	70 kg	0,338 mm	341,67 MPa	790 MPa
Tipo 3	19 mm	43 kg	1,36 mm	810,5 MPa	1845 MPa
Tipo 4 WoR	26 mm	42,56 kg	2,63 mm	742,05 MPa	1845 MPa
Tipo 4 WR	22 mm	37,83 kg	2,9 mm	791,81 MPa	1845 MPa

Tabela 4.1: Análise estrutural - Resultados

A Tabela 4.1 mostra o resumo da análise estrutural. Observa-se claramente que o titânio dá o melhor resultado em termos de resistência à deformação, mas a espessura da parede de 15 mm do cilindro torna-o pesado. Comparando o cilindro do Tipo 3, do Tipo 4 WoR e do Tipo 4 WR, compreende-se o enorme impacto que a estrutura interna das nervuras tem no cilindro. Embora a diferença de peso não seja significativa, o Tipo 3 tem melhor desempenho do que o Tipo 4 WoR em termos de resistência à deformação, mas este último tem melhor desempenho em termos de tensão induzida no cilindro. Enquanto o cilindro de tipo 4 WR se situa entre os dois em termos de tensão induzida, devido às nervuras internas que correm ao longo das paredes internas, o peso do cilindro pode ser reduzido em 5 kg. Quando comparado com o Tipo 1, o peso é reduzido para cerca de metade. Embora o revestimento de titânio com zircónio o torne imune à fragilização por hidrogénio, não se pode confiar no revestimento, pois a vida útil do mesmo não é fiável. Por conseguinte, o cilindro WR de tipo 4 é a escolha mais adequada entre os quatro cilindros.

4.2. Ensaio de queda horizontal - Cilindro vazio

4.2.1. Tipo 1

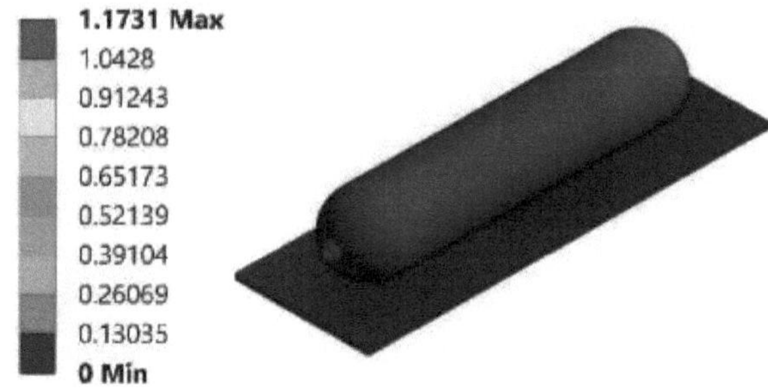

Figura 4.13: Queda horizontal em vazio do tipo 1 - Contorno de deformação T4

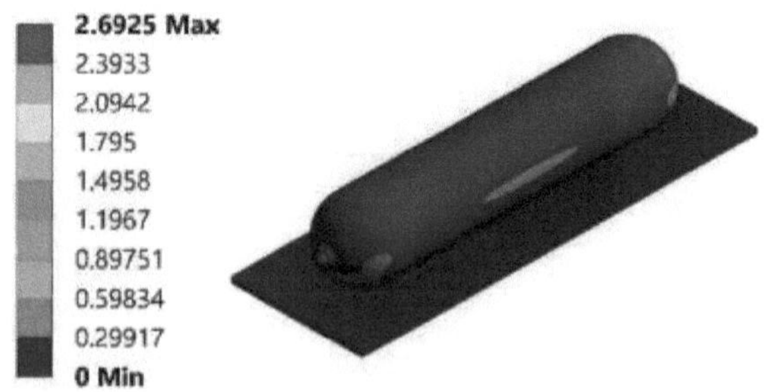

Figura 4.14: Queda horizontal em vazio do tipo 1 - Contorno de deformação T8

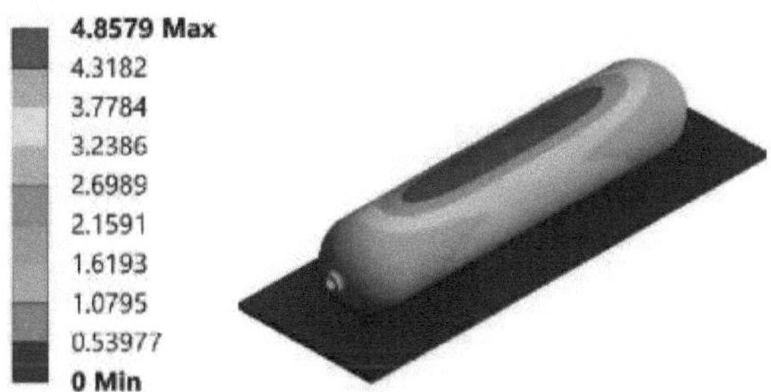

Figura 4.15: Queda horizontal em vazio do tipo 1 - Contorno de deformação T12

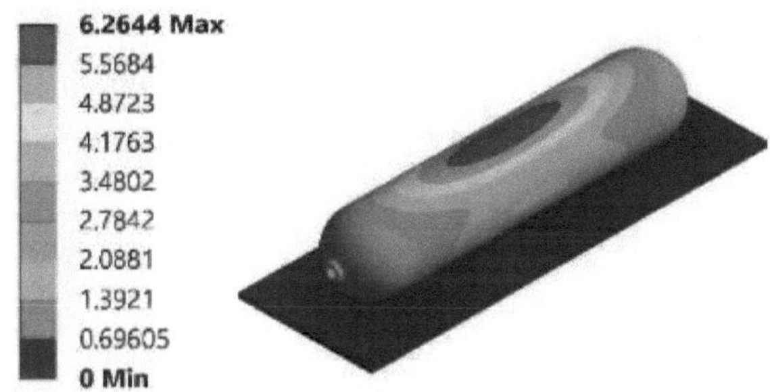

Figura 4.16: Queda horizontal em vazio do tipo 1 - Contorno de deformação T16

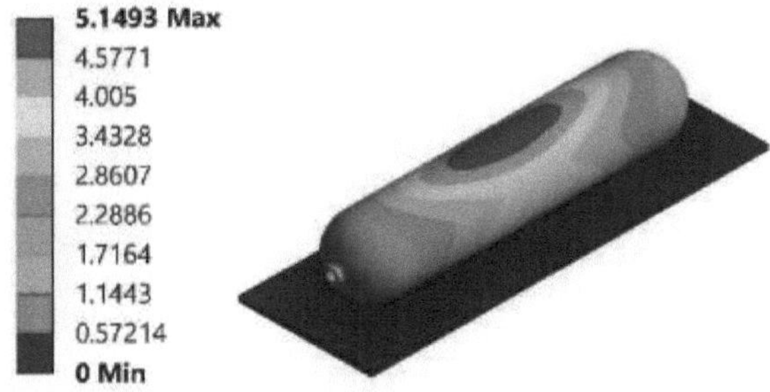

Figura 4.17: Queda horizontal em vazio do tipo 1 - Contorno de deformação T20

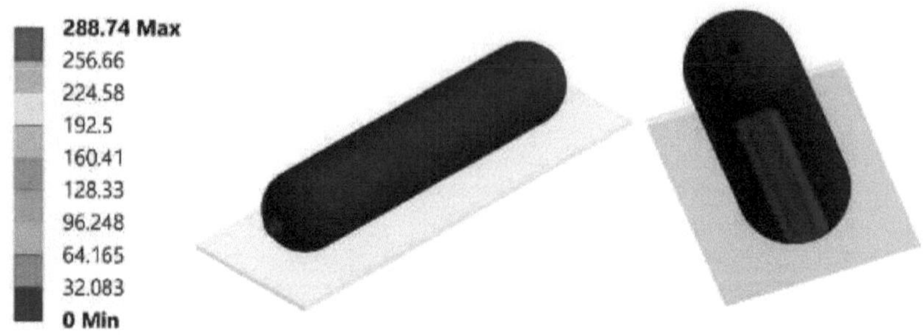

Figura 4.18: Queda horizontal em vazio do tipo 1 - Contorno de tensões T4

Figura 4.19: Queda horizontal em vazio do tipo 1 - Contorno de tensões T8

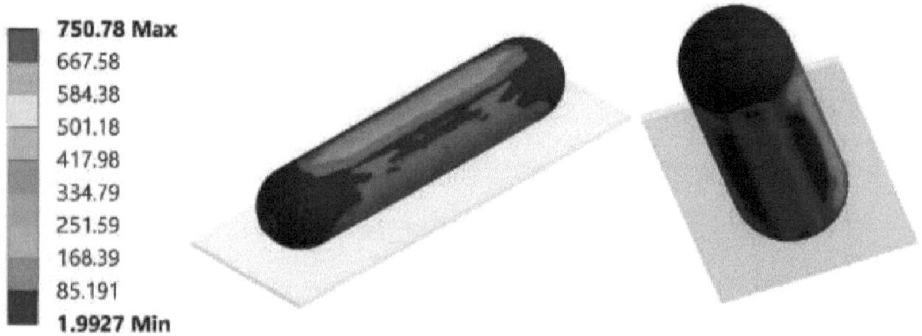

Figura 4.20: Queda horizontal em vazio do tipo 1 - Contorno de tensões T12

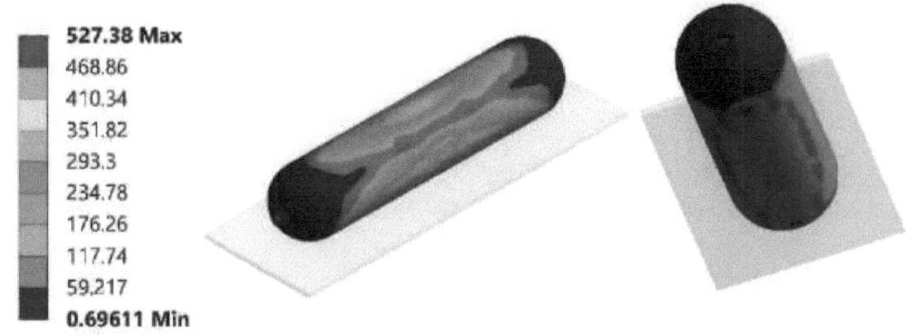

Figura 4.21: Queda horizontal em vazio do tipo 1 - Contorno de tensões T16

Figura 4.22: Queda horizontal em vazio do tipo 1 - Contorno de tensões T20

As figuras (4.13 - 4.22) acima mostram a deformação, a tensão e a tensão de barriga desenvolvidas no cilindro durante e após o impacto. Durante o impacto, é desenvolvida uma tensão máxima de 782,63 MPa.

4.2.2. Tipo 3

O cilindro é desenvolvido a partir de uma altura de 10 pés. A deformação, a tensão e a tensão de barriga desenvolvidas no cilindro são mostradas nas figuras abaixo (4.23 - 4.32). No momento do impacto, desenvolve-se uma tensão máxima de 1159,5 MPa.

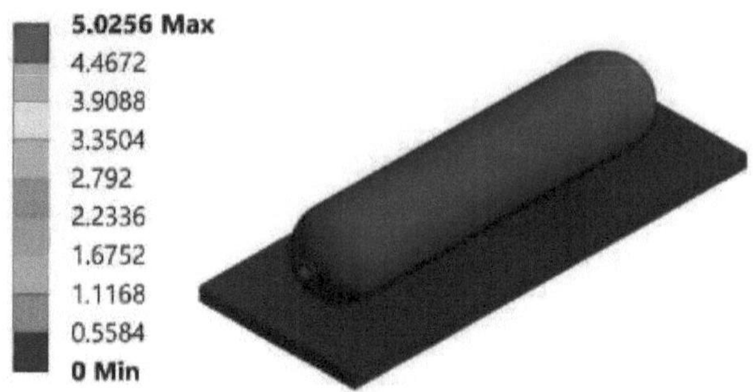

Figura 4.23: Queda horizontal em vazio do tipo 3 - Contorno de deformação T14

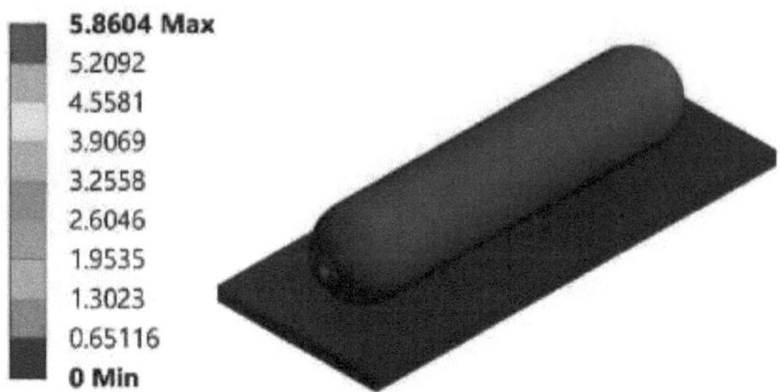

Figura 4.24: Queda horizontal em vazio do tipo 3 - Contorno de deformação T16

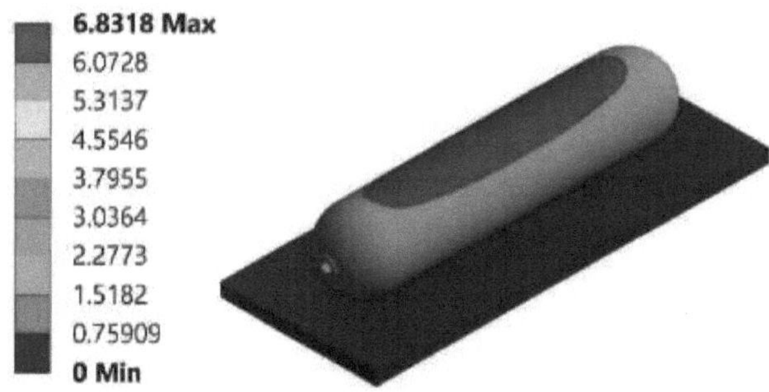

Figura 4.25: Queda horizontal em vazio do tipo 3 - Contorno de deformação T18

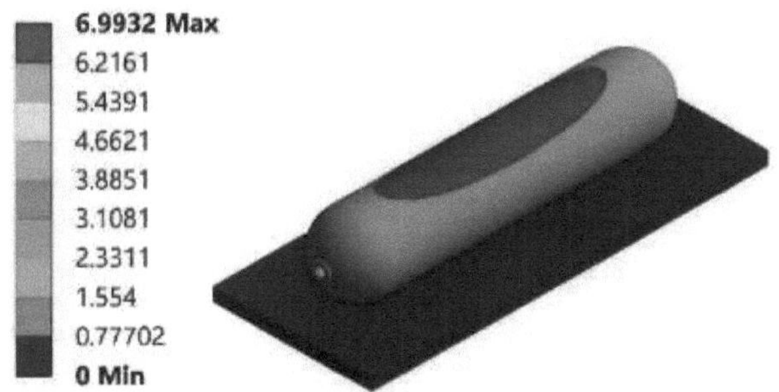

Figura 4.26: Queda horizontal em vazio do tipo 3 - Contorno de deformação T19

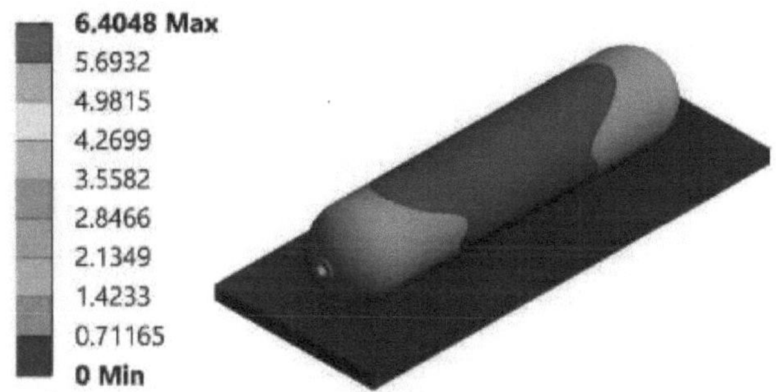

Figura 4.27: Queda horizontal em vazio do tipo 3 - Contorno de deformação T21

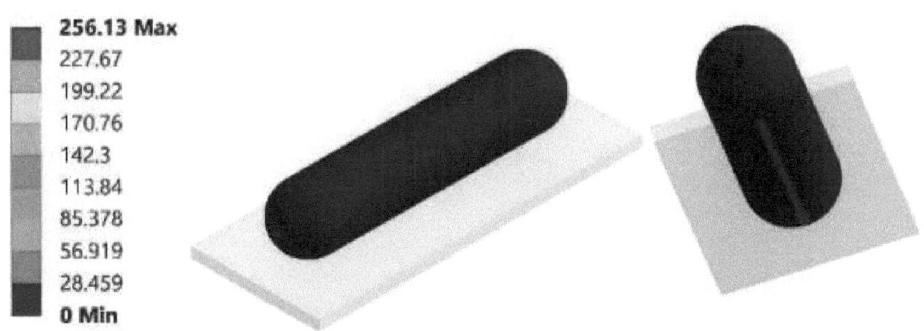

Figura 4.28: Queda horizontal em vazio do tipo 3 - Contorno de tensões T14

Figura 4.29: Queda horizontal em vazio do tipo 3 - Contorno de tensões T16

Figura 4.30: Queda horizontal em vazio do tipo 3 - Contorno de tensões T18

Figura 4.31: Queda horizontal em vazio do tipo 3 - Contorno de tensões T19

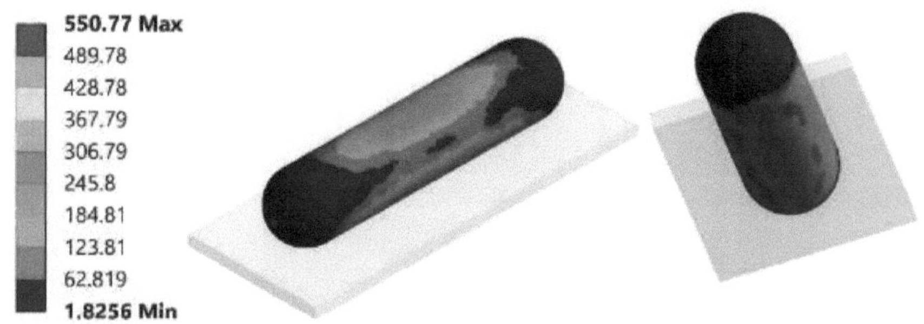

Figura 4.32: Queda horizontal em vazio do tipo 3 - Contorno de tensões T21

4.2.3. Tipo 4 WoR

O cilindro é desenvolvido a partir de uma altura de 10 pés. A deformação, a tensão e a tensão de barriga desenvolvidas no cilindro são mostradas nas figuras abaixo (4.33 - 4.42). No momento do impacto, desenvolve-se uma tensão máxima de 1092,4 MPa.

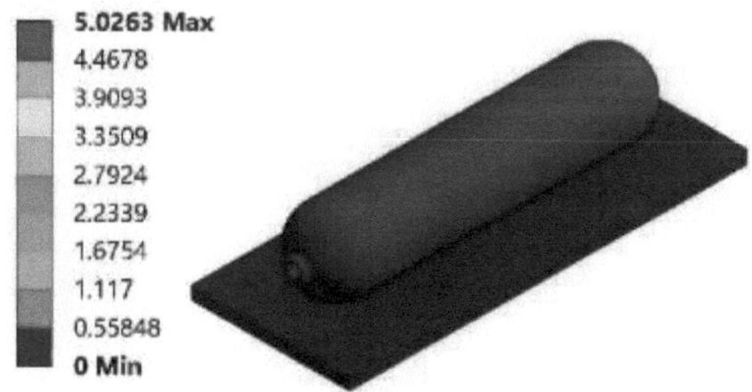

Figura 4.33: Queda horizontal em vazio WoR do tipo 4 - Contorno de deformação T14

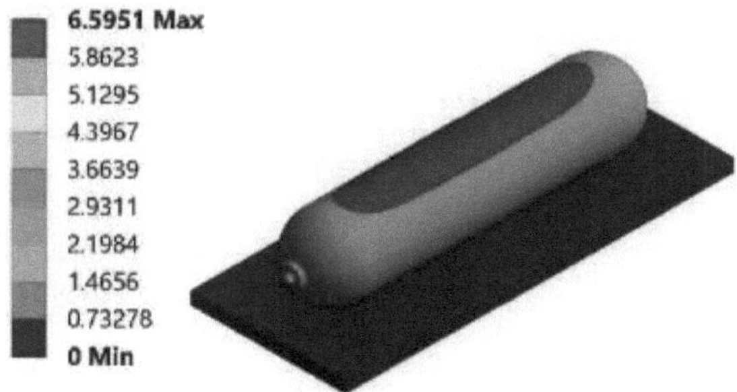

Figura 4.34: Gota horizontal vazia WoR de tipo 4 - Contorno de deformação T17

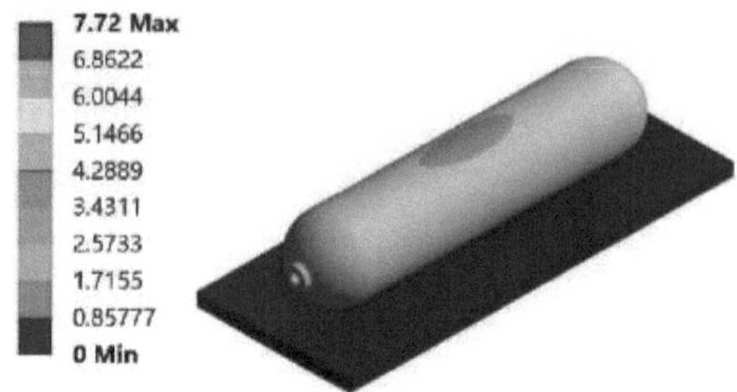

Figura 4.35: Gota horizontal vazia WoR de tipo 4 - Contorno de deformação T19

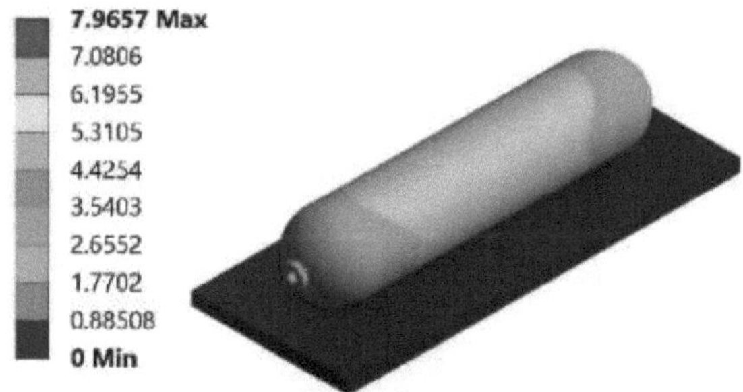

Figura 4.36: Tipo 4 WoR Vazio Queda horizontal - Contorno de deformação T20

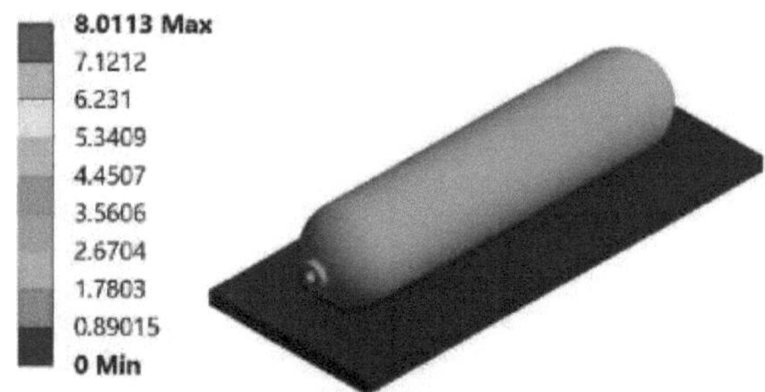

Figura 4.37: Tipo 4 WoR Queda horizontal em vazio - Contorno de deformação T21

Figura 4.38: Tipo 4 WoR Vazio Queda horizontal - Contorno de tensões T14

Figura 4.39: Tipo 4 WoR Vazio Queda horizontal - Contorno de tensões T17

Figura 4.40: Tipo 4 WoR Vazio Queda horizontal - Contorno de tensões T19

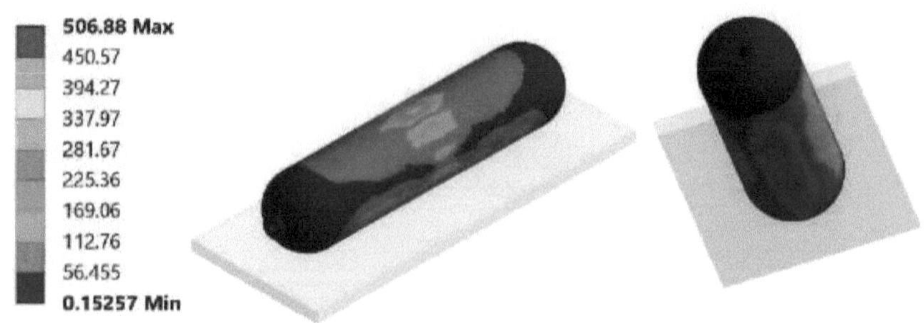

Figura 4.41: Tipo 4 WoR Vazio Queda horizontal - Contorno de tensões T20

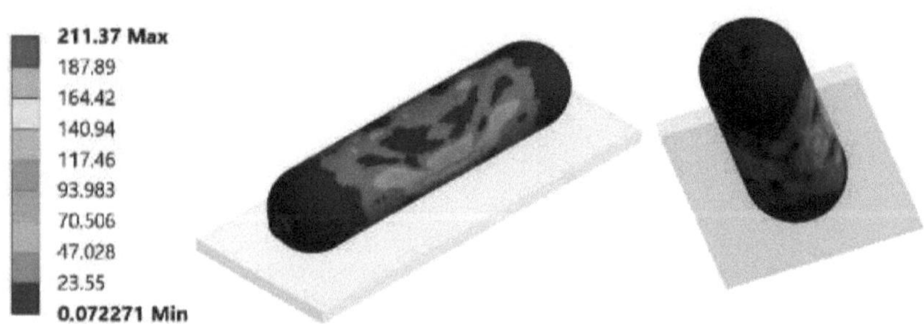

Figura 4.42: Tipo 4 WoR Vazio Queda horizontal - Contorno de tensões T21

4.2.4. Tipo 4 WR

A deformação, a tensão e a tensão de barriga desenvolvidas no cilindro são mostradas nas figuras abaixo (4.43 - 4.52). No momento do impacto, desenvolve-se uma tensão máxima de 1064,3 MPa.

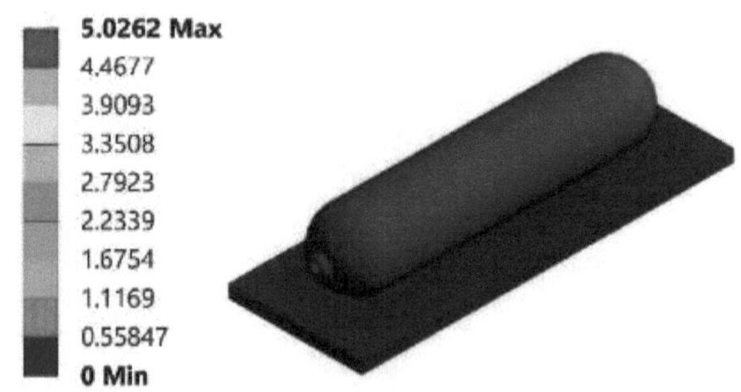

Figura 4.43: Gota horizontal vazia de tipo 4 WR - Contorno de deformação T14

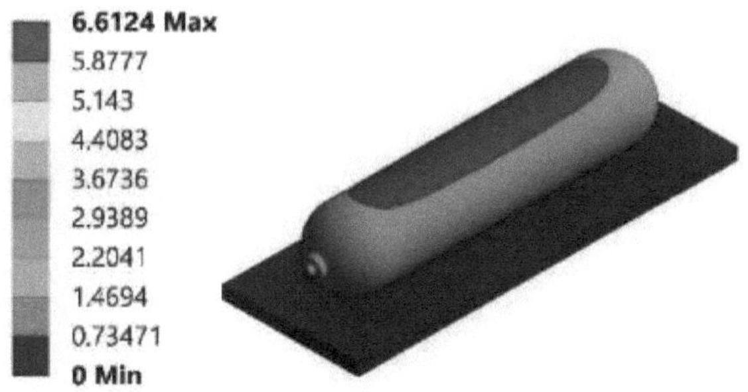

Figura 4.44: Gota horizontal vazia do tipo 4 WR - Contorno de deformação T17

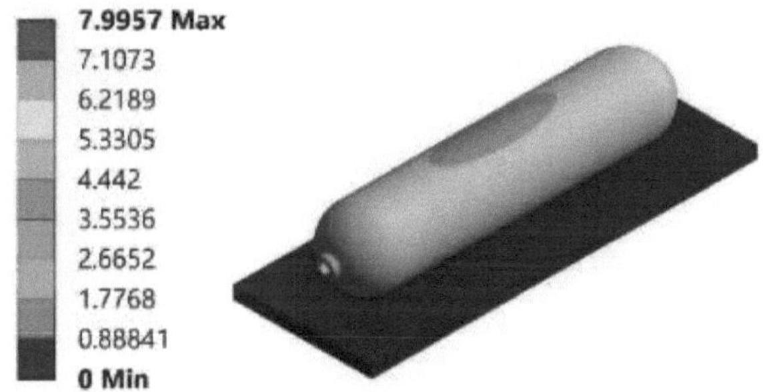

Figura 4.45: Gota horizontal vazia do tipo 4 WR - Contorno de deformação T19

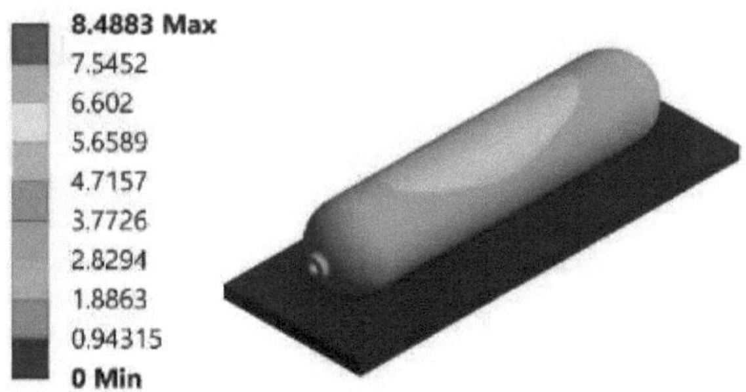

Figura 4.46: Gota horizontal vazia do tipo 4 WR - Contorno de deformação T20

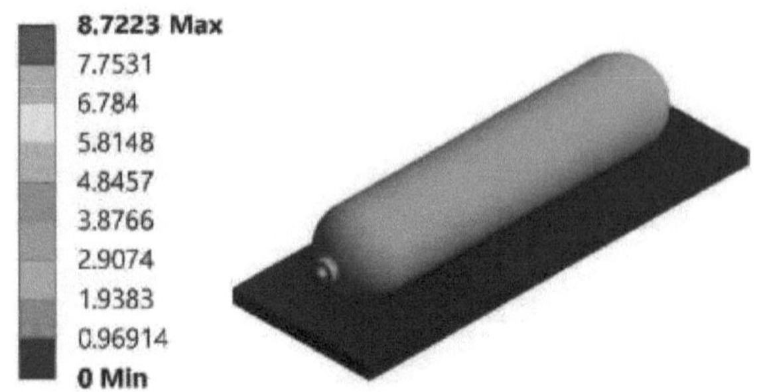

Figura 4.47: Gota horizontal vazia de tipo 4 WR - Contorno de deformação T21

Figura 4.48: Tipo 4 WR Queda horizontal em vazio - Contorno de tensões T14

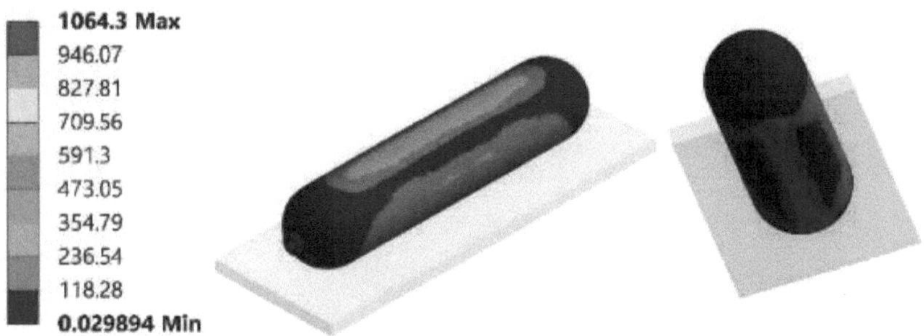

Figura 4.49: Queda horizontal em vazio do tipo 4 WR - Contorno de tensões T17

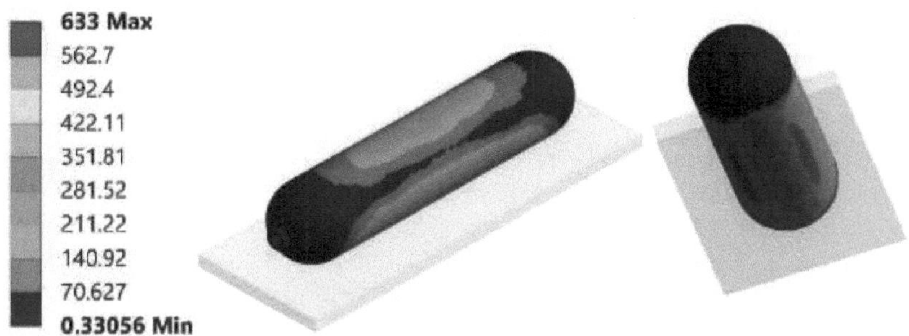

Figura 4.50: Tipo 4 WR Queda horizontal em vazio - Contorno de tensões T19

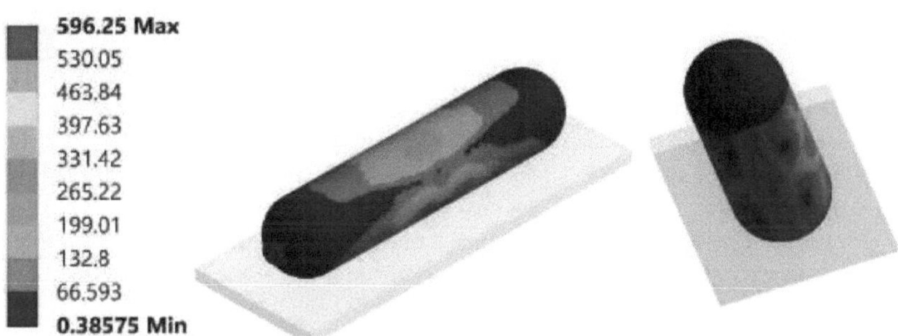

Figura 4.51: Queda horizontal em vazio do tipo 4 WR - Contorno de tensões T20

Figura 4.52: Queda horizontal em vazio do tipo 4 WR - Contorno de tensões T21

4.2.5. Resumo

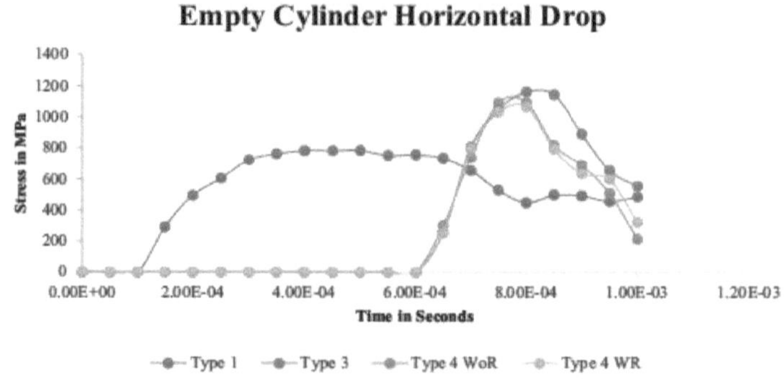

Figura 4.53: Queda horizontal do cilindro vazio - Resumo

A figura 4.53 mostra a comparação entre os quatro cilindros vazios durante a simulação de queda horizontal. Devido ao seu peso, o cilindro do tipo 1, sob a influência da gravidade, cai ao solo muito mais rapidamente do que os restantes cilindros. O cilindro do tipo 1 entra em contacto com o pavimento de betão em 1,5E-4 segundos, enquanto os outros cilindros entram em contacto em 6,5E-4 segundos. A tensão induzida máxima para o cilindro do tipo 1 é de 781,09 MPa, enquanto a tensão induzida para os cilindros dos tipos 3 e 4 é, em média, de cerca de 1100 MPa. A tensão induzida máxima é observada no cilindro do tipo 3 e a mínima no cilindro do tipo 1. Observamos também que a tensão é induzida devido ao impacto secundário no cilindro do Tipo 1 por volta dos 8,5E-4 segundos da simulação. A partir da simulação, podemos concluir que a fibra de carbono absorve a maior parte da tensão de impacto nos cilindros de tipo 3 e 4, enquanto a maior parte da tensão é absorvida pelo titânio no cilindro de tipo 1.

4.3. Ensaio de queda horizontal - Cilindro cheio

4.3.1. Tipo 1

A deformação, a tensão e a tensão de barriga desenvolvidas no cilindro durante, antes e depois do impacto são mostradas nas figuras seguintes (4.54 - 4.63). No momento do impacto, é desenvolvida uma tensão máxima de 786,17 MPa.

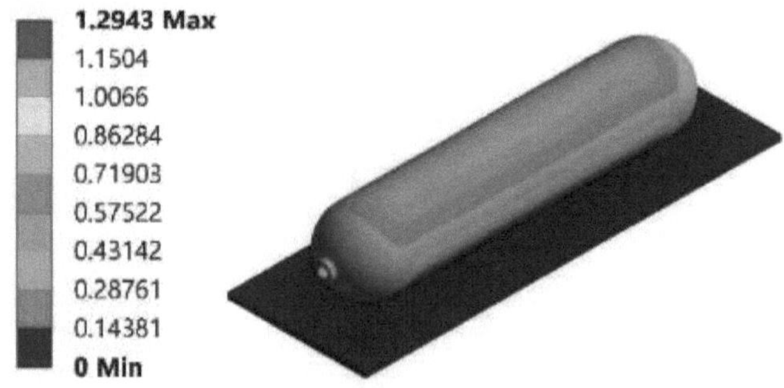

Figura 4.54: Queda horizontal cheia de tipo 1 - Contorno de deformação T3

44

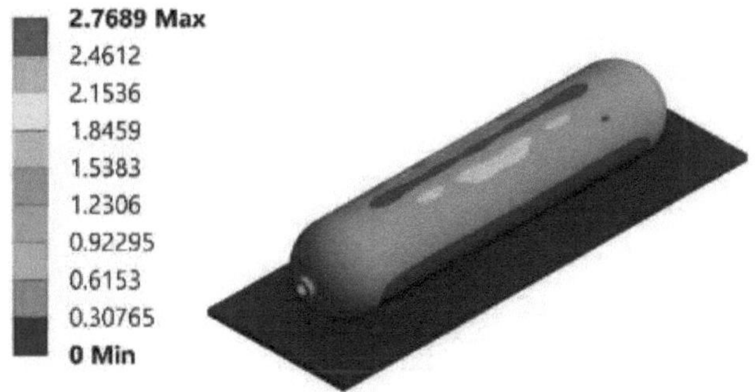

Figura 4.55: Queda horizontal cheia de tipo 1 - Contorno de deformação T8

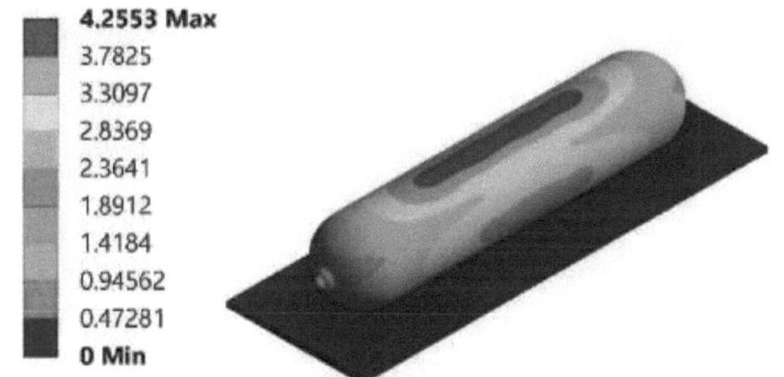

Figura 4.56: Queda horizontal cheia de tipo 1 - Contorno de deformação T12

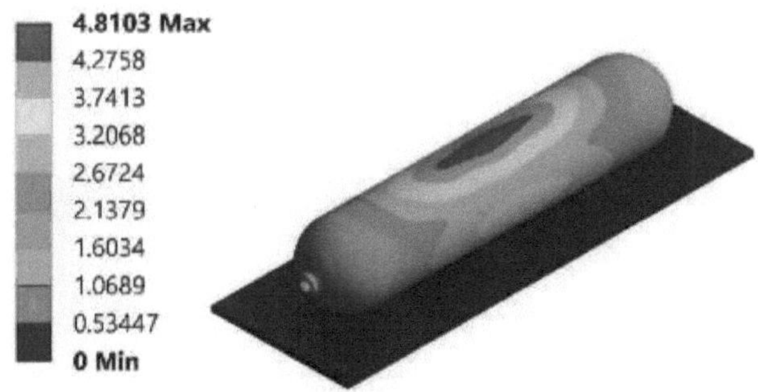

Figura 4.57: Queda horizontal preenchida do tipo 1 - Contorno de deformação T16

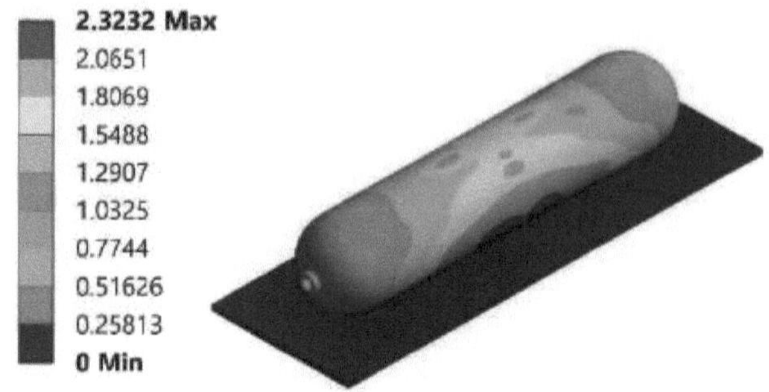

Figura 4.58: Queda horizontal cheia de tipo 1 - Contorno de deformação T21

Figura 4.59: Queda horizontal preenchida do tipo 1 - Contorno de tensões T3

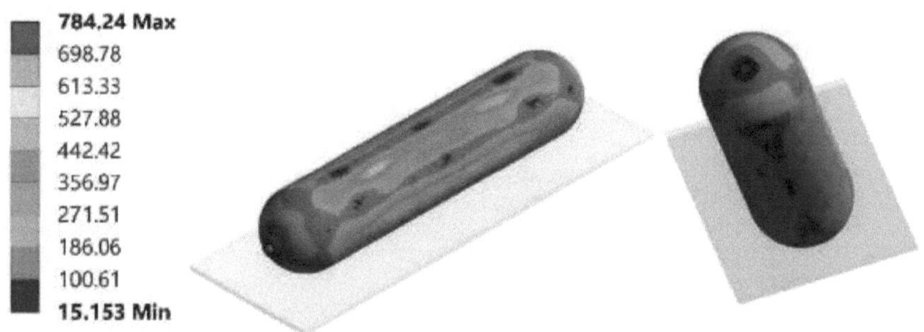

Figura 4.60: Queda horizontal preenchida de tipo 1 - Contorno de tensões T8

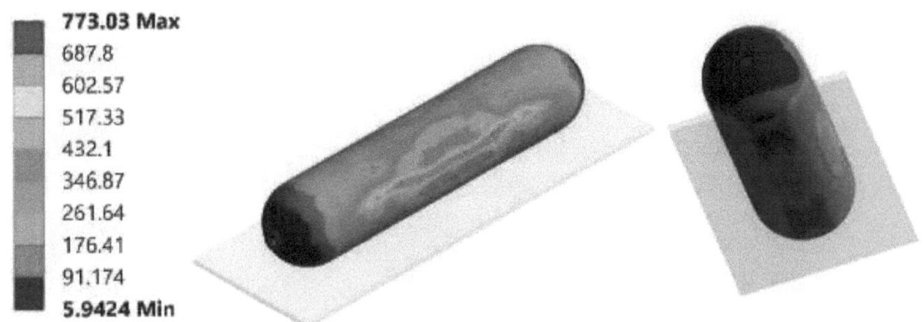

Figura 4.61: Queda horizontal preenchida do tipo 1 - Contorno de tensões T12

Figura 4.62: Queda horizontal preenchida do tipo 1 - Contorno de tensões T16

Figura 4.63: Queda horizontal preenchida do tipo 1 - Contorno de tensões T21

4.3.2. Tipo 3

A deformação, a tensão e a tensão de barriga desenvolvidas no cilindro durante, antes e depois do impacto são mostradas nas figuras seguintes (4.64 - 4.73). No momento do impacto, é desenvolvida uma tensão máxima de 1133,2 MPa.

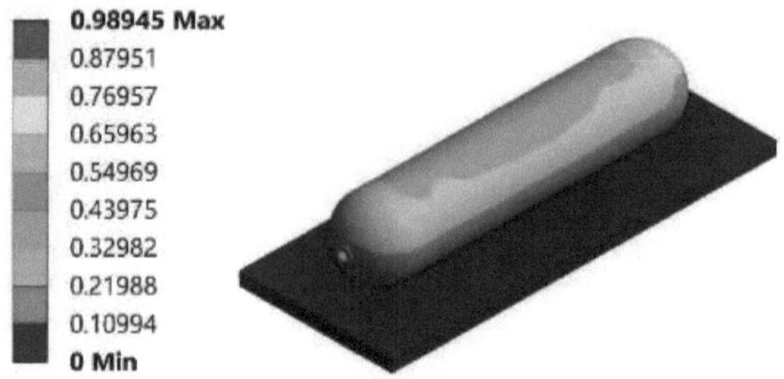

Figura 4.64: Queda horizontal cheia de tipo 3 - Contorno de deformação T3

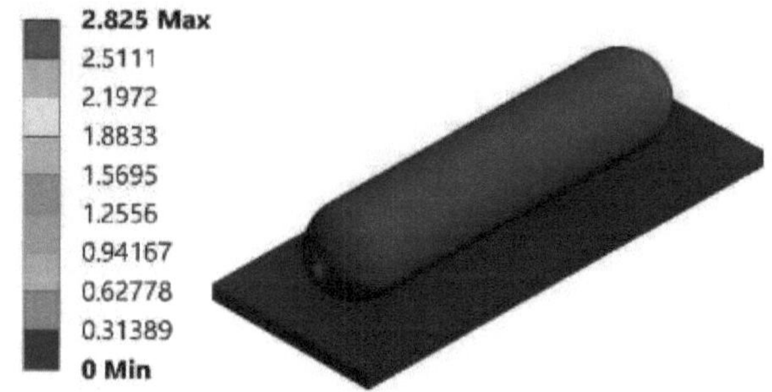

Figura 4.65: Queda horizontal cheia de tipo 3 - Contorno de deformação T8

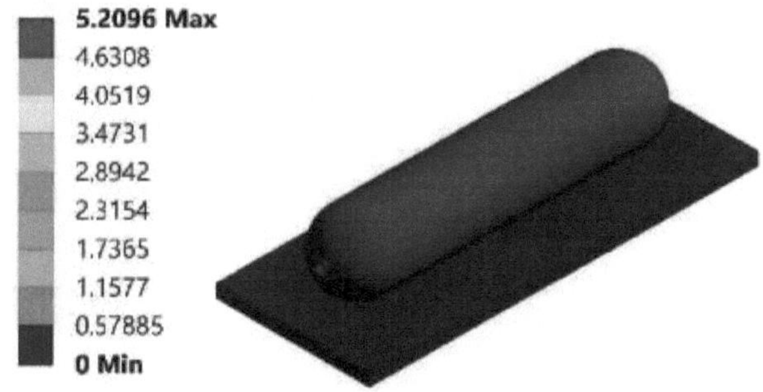

Figura 4.66: Queda horizontal cheia de tipo 3 - Contorno de deformação T14

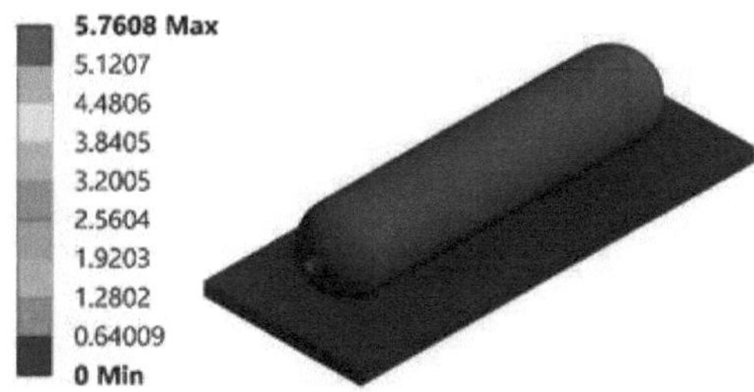

Figura 4.67: Queda horizontal cheia de tipo 3 - Contorno de deformação T16

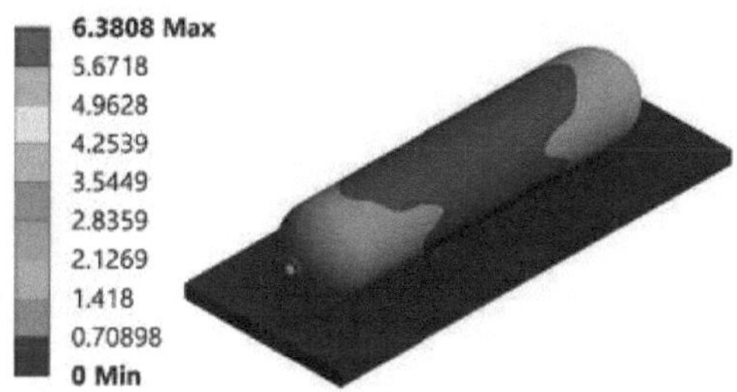

Figura 4.68: Queda horizontal preenchida do tipo 3 - Contorno de deformação T20

Figura 4.69: Queda horizontal preenchida do tipo 3 - Contorno de tensões T3

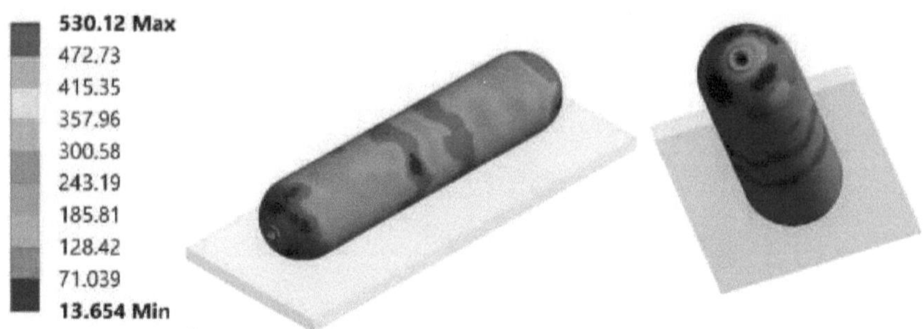

Figura 4.70: Queda horizontal preenchida do tipo 3 - Contorno de tensões T8

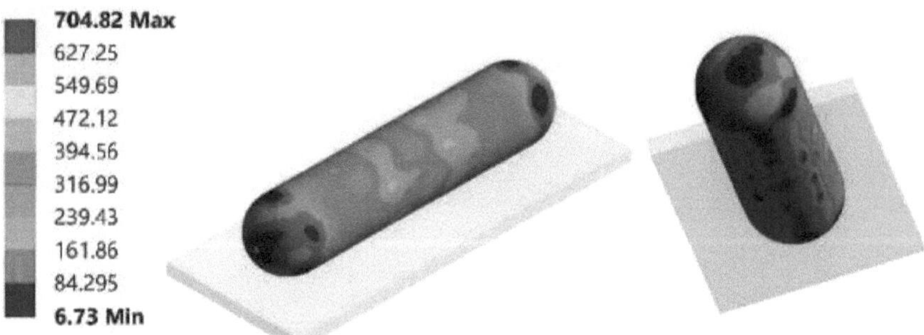

Figura 4.71: Queda horizontal preenchida do tipo 3 - Contorno de tensões T14

Figura 4.72: Queda horizontal preenchida do tipo 3 - Contorno de tensões T16

Figura 4.73: Queda horizontal preenchida do tipo 3 - Contorno de tensões T20

4.3.3. Tipo 4 WoR

A deformação, a tensão e a tensão de barriga desenvolvidas no cilindro durante, antes e depois do impacto são mostradas nas figuras seguintes (4.74 - 4.83). No momento do impacto, é desenvolvida uma tensão máxima de 1314,1 MPa.

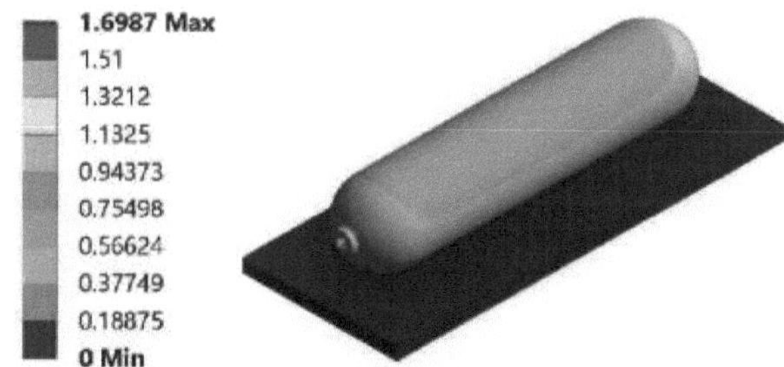

Figura 4.74: Queda horizontal preenchida com WoR do tipo 4 - Contorno de deformação T4

Figura 4.75: Queda horizontal preenchida com WoR do tipo 4 - Contorno de deformação T8

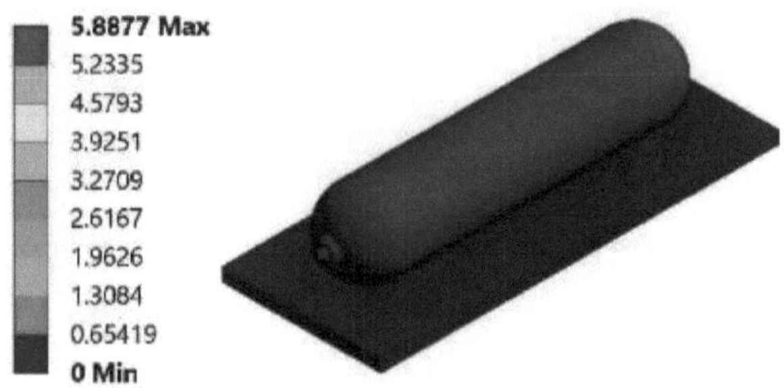

Figura 4.76: Queda horizontal preenchida com WoR do tipo 4 - Contorno de deformação T15

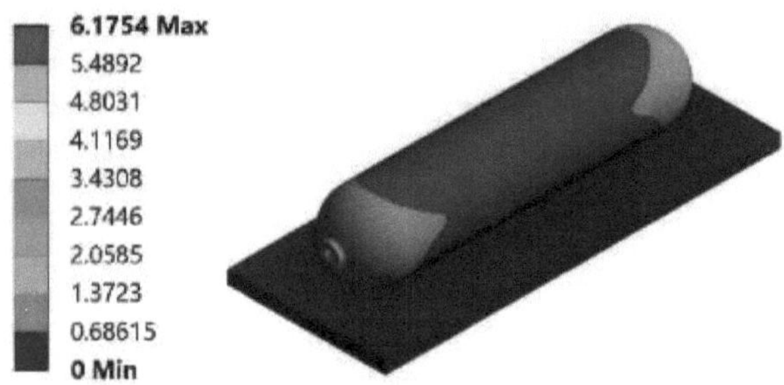

Figura 4.77: Queda horizontal preenchida com WoR do tipo 4 - Contorno de deformação T18

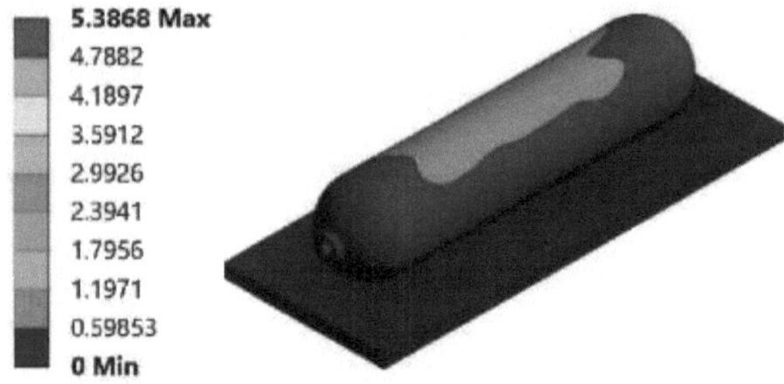

Figura 4.78: Queda horizontal preenchida com WoR do tipo 4 - Contorno de deformação T21

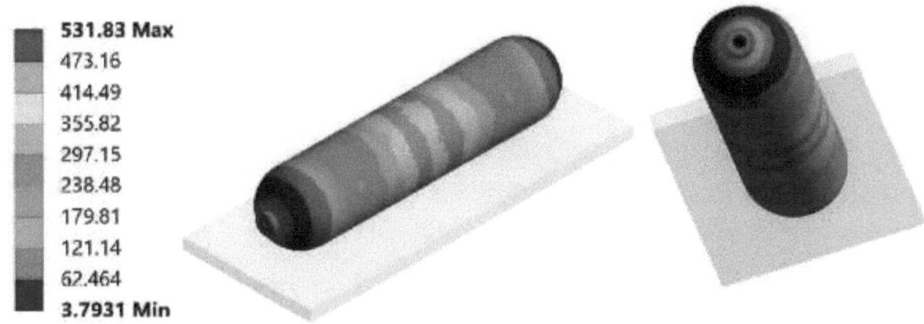

Figura 4.79: Queda horizontal preenchida com WoR do tipo 4 - Contorno de tensões T4

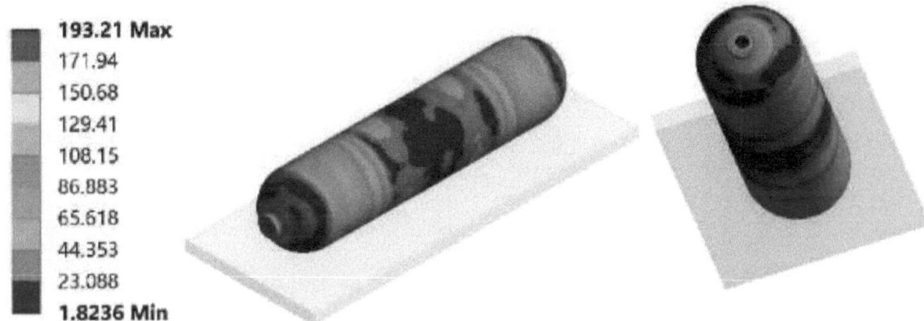

Figura 4.80: Queda horizontal preenchida com WoR do tipo 4 - Contorno de tensões T8

Figura 4.81: Queda horizontal preenchida com WoR do tipo 4 - Contorno de tensões T15

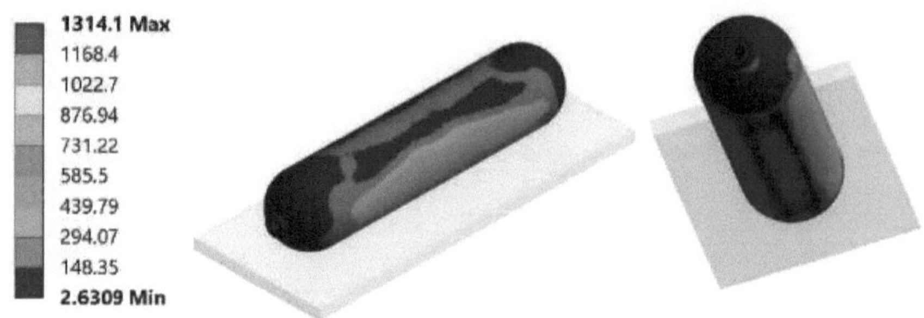

Figura 4.82: Queda horizontal preenchida com WoR do tipo 4 - Contorno de tensões T18

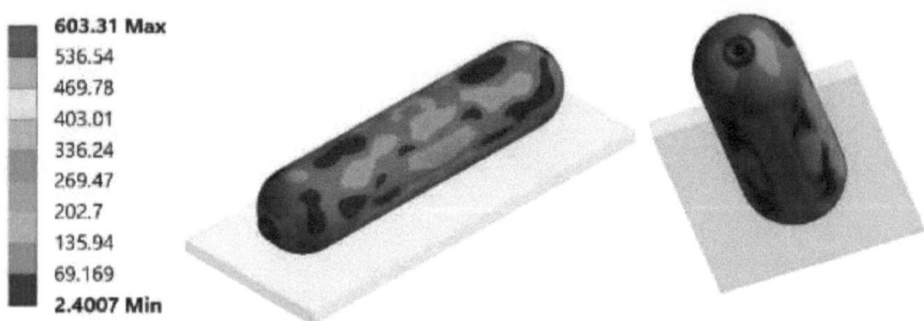

Figura 4.83: Queda horizontal preenchida com WoR do tipo 4 - Contorno de tensões T21

4.3.4. Tipo 4 WR

A deformação, a tensão e a tensão de barriga desenvolvidas no cilindro durante, antes e depois do impacto são mostradas nas figuras seguintes (4.84 - 4.93). No momento do impacto, desenvolve-se uma tensão máxima de 1248,1 MPa.

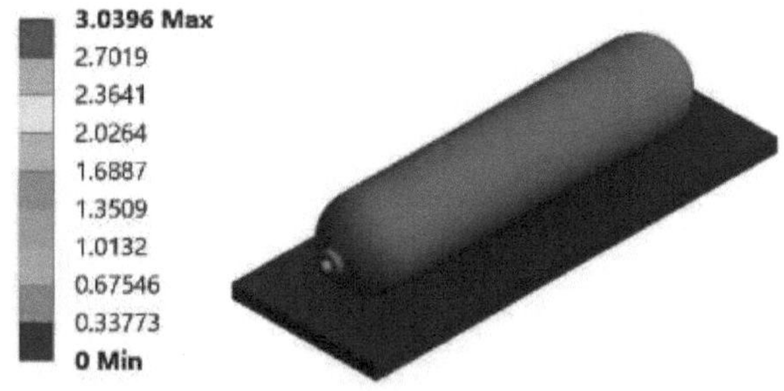

Figura 4.84: Gota horizontal preenchida com WR do tipo 4 - Contorno de deformação T2

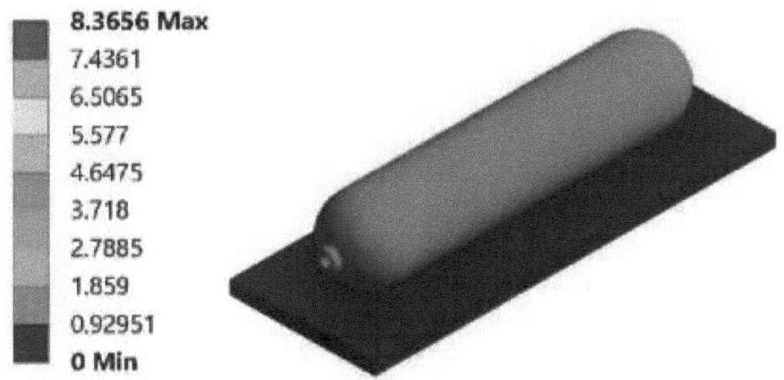

Figura 4.85: Gota horizontal preenchida com WR do tipo 4 - Contorno de deformação T11

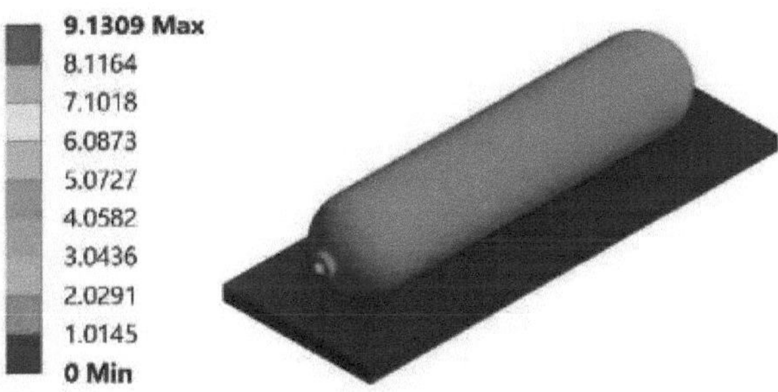

Figura 4.86: Queda horizontal preenchida com WR do tipo 4 - Contorno de deformação T14

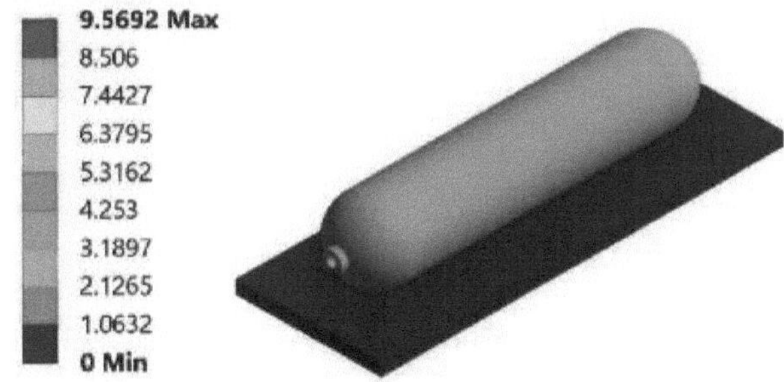

Figura 4.87: Queda horizontal preenchida com WR do tipo 4 - Contorno de deformação T16

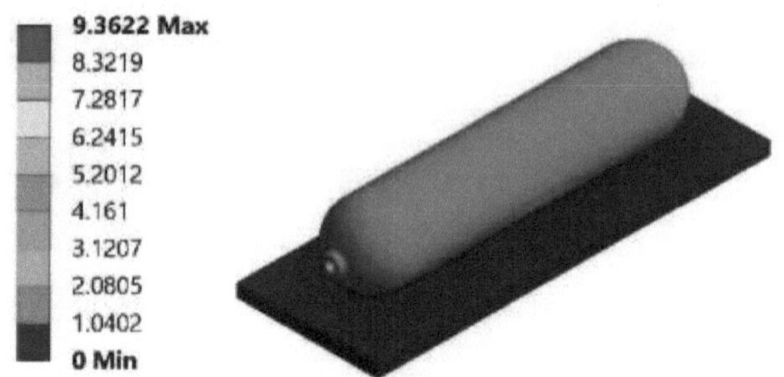

Figura 4.88: Gota horizontal preenchida com WR do tipo 4 - Contorno de deformação T21

Figura 4.89: Queda horizontal preenchida com WR do tipo 4 - Contorno de tensões T2

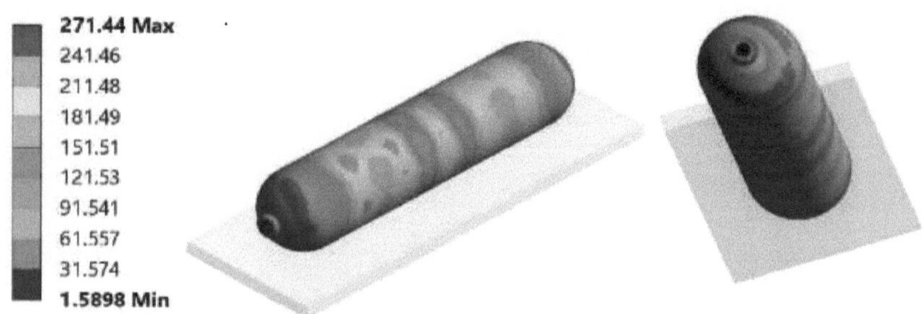

Figura 4.90: Queda horizontal preenchida com WR do tipo 4 - Contorno de tensões T11

Figura 4.91: Queda horizontal preenchida com WR do tipo 4 - Contorno de tensões T14

Figura 4.92: Queda horizontal preenchida com WR do tipo 4 - Contorno de tensões T16

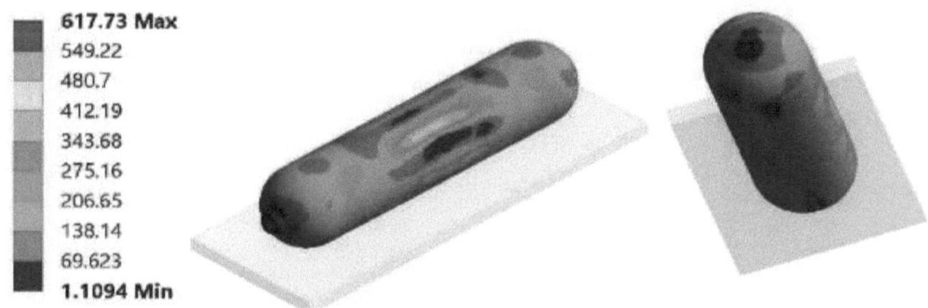

Figura 4.93: Queda horizontal preenchida com WR do tipo 4 - Contorno de tensões T21

4.3.5. Resumo

A Figura 4.94 mostra a comparação entre os quatro cilindros cheios durante a simulação de queda horizontal. Observa-se a variação dos valores de tensão quando o cilindro está em queda livre devido à gravidade. Esta variação nos valores de tensão é causada pela flutuação da pressão do gás no interior do cilindro, induzida pelo efeito de sloshing devido à queda livre do cilindro. Tal como no caso anterior, o cilindro do tipo 1 é o primeiro a entrar em contacto com o solo, aos 2E-04 segundos, por ser mais pesado do que os outros cilindros. No impacto, observa-se uma tensão máxima de 769,68 MPa para o cilindro do tipo 1. Em termos de tensões induzidas pelo sloshing, o cilindro do tipo 4 WoR apresenta tensões baixas quando comparado com o cilindro do tipo 4 WR. Os restantes três cilindros entram em contacto com o solo em cerca de 6E-04 segundos. A tensão induzida após o impacto é mais elevada no cilindro WoR de tipo 4 (1314,1 MPa) e a menor no cilindro de tipo 3 (1133,2 MPa). Após o impacto, o cilindro WR do tipo 4 estabiliza muito mais rapidamente do que os cilindros WoR dos tipos 3 e 4, ao passo que o cilindro do tipo 1 apresenta tensões induzidas repetidas devido ao impacto secundário. A partir da simulação, podemos concluir que o cilindro WR de tipo 4 tem um desempenho melhor do que os restantes.

Cilindro cheio Queda horizontal

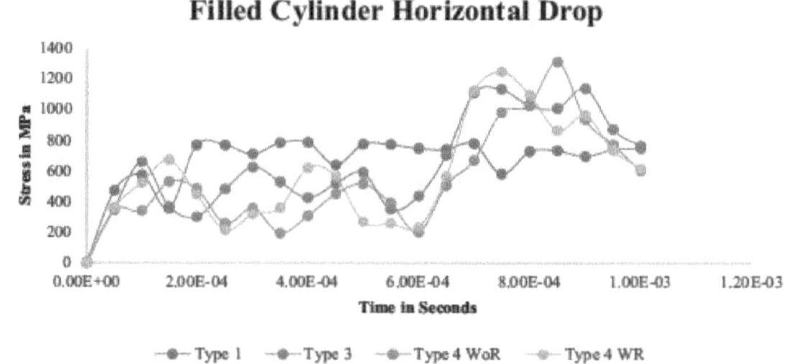

Figura 4.94: Queda Horizontal do Cilindro Cheio - Resumo

4.4. Cilindro vazio Queda vertical

4.4.1. Tipo 1

A deformação e a tensão desenvolvidas no cilindro durante e após o impacto são mostradas nas figuras seguintes (4.95 - 4.104). Após o impacto, é desenvolvida uma tensão máxima de 858,28 MPa.

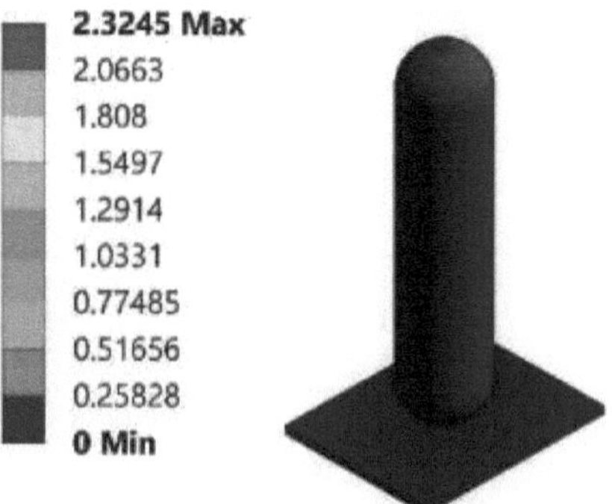

Figura 4.95: Queda vertical em vazio do tipo 1 - Contorno de deformação T7

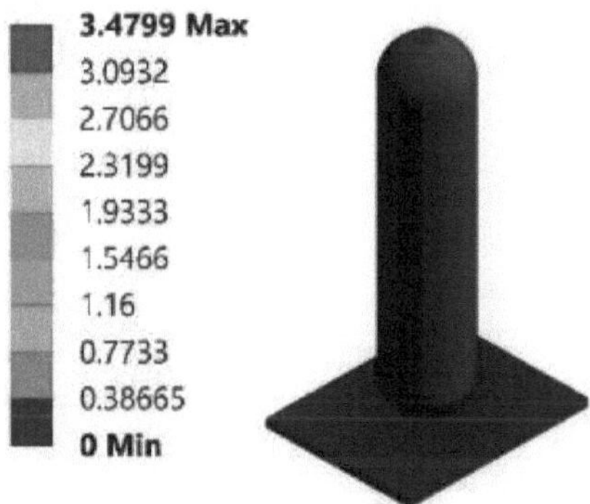

Figura 4.96: Queda vertical em vazio do tipo 1 - Contorno de deformação T10

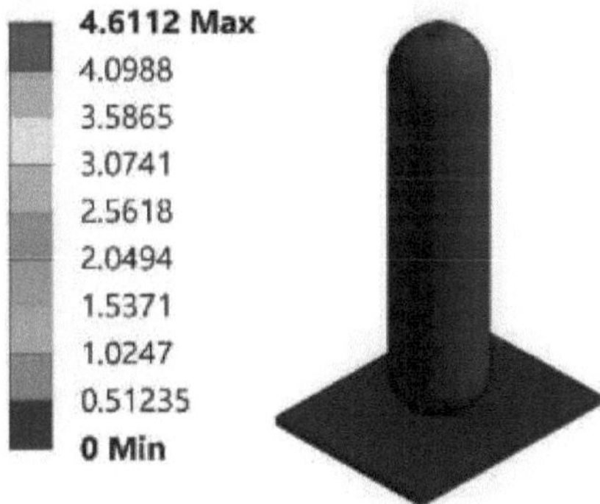

Figura 4.97: Queda vertical em vazio do tipo 1 - Contorno de deformação T13

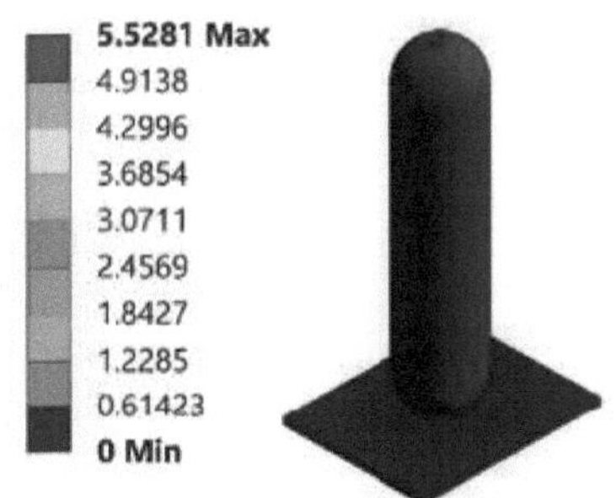

Figura 4.98: Tipo 1 Queda vertical em vazio - Contorno de deformação T17

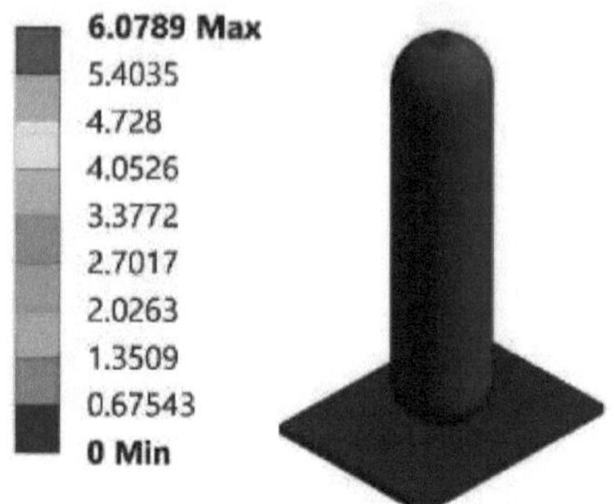

Figura 4.99: Queda vertical em vazio do tipo 1 - Contorno de deformação T21

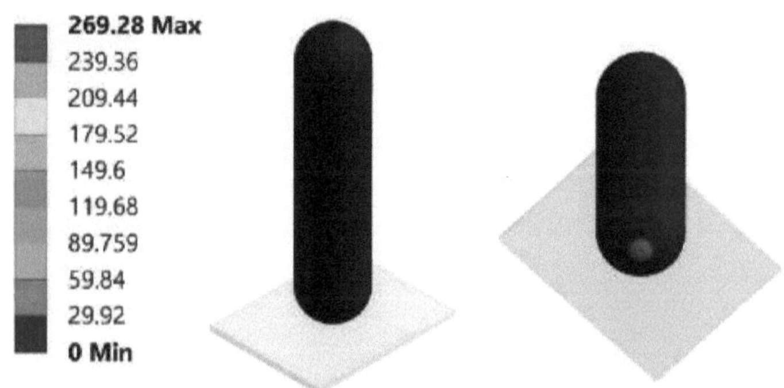

Figura 4.100: Queda vertical em vazio do tipo 1 - Contorno de tensões T7

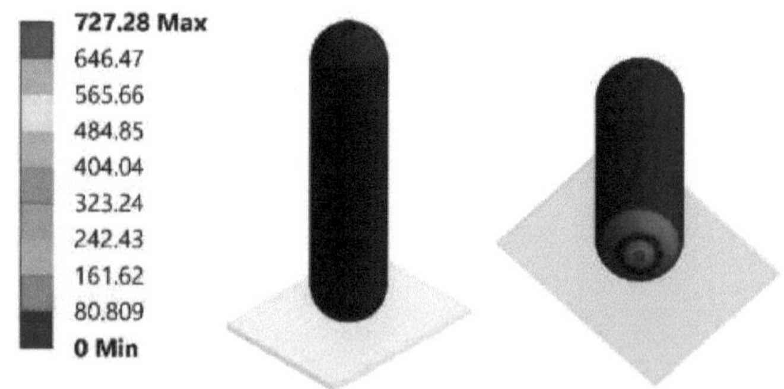

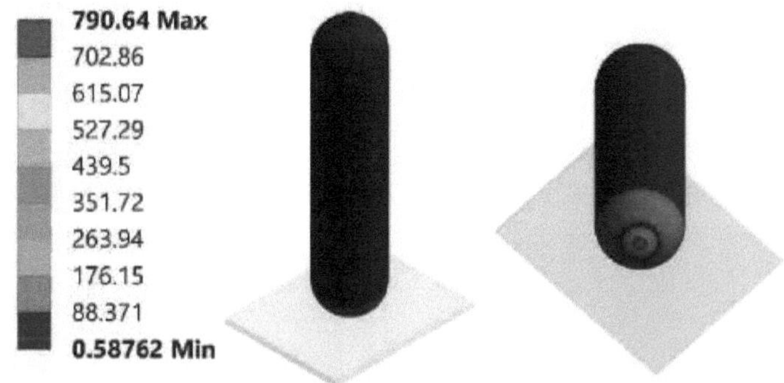

Figura 4.102: Queda vertical em vazio do tipo 1 - Contorno de tensões T13

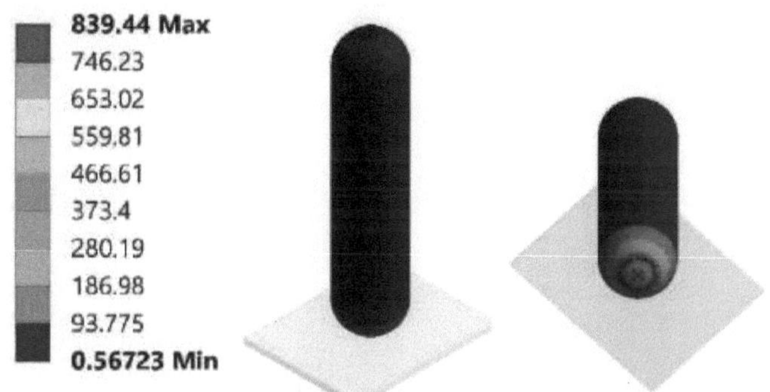

Figura 4.103: Queda vertical em vazio do tipo 1 - Contorno de tensões T17

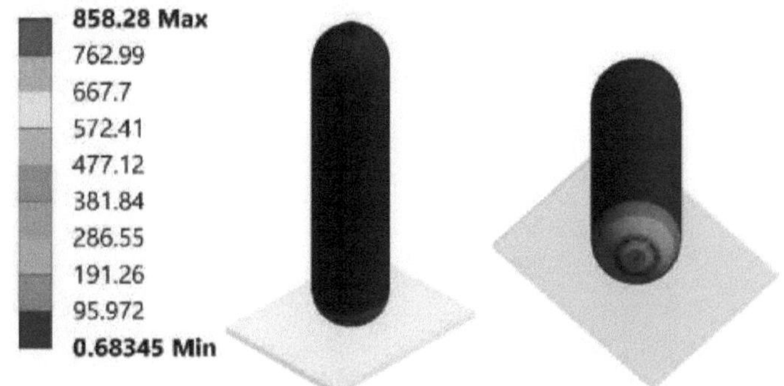

Figura 4.104: Queda vertical em vazio do tipo 1 - Contorno de tensões T21

4.4.2. Tipo 3

A deformação e a tensão desenvolvidas no cilindro durante o impacto são mostradas na figura
figuras abaixo (4.105 - 4.114). No momento do impacto, é desenvolvida uma tensão máxima
de 1786,5 MPa.

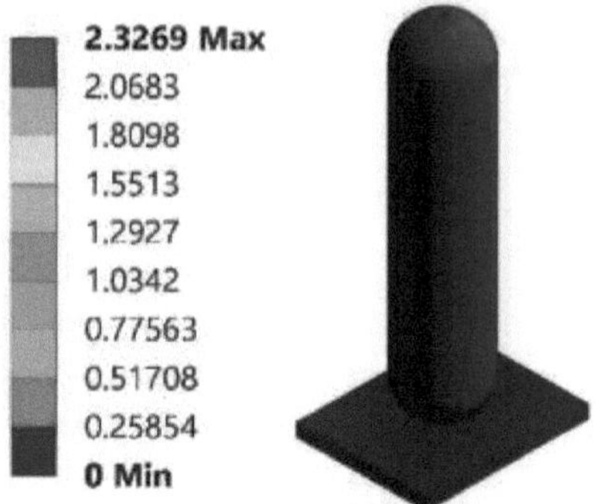

Figura 4.105: Queda vertical em vazio do tipo 3 - Contorno de deformação T7

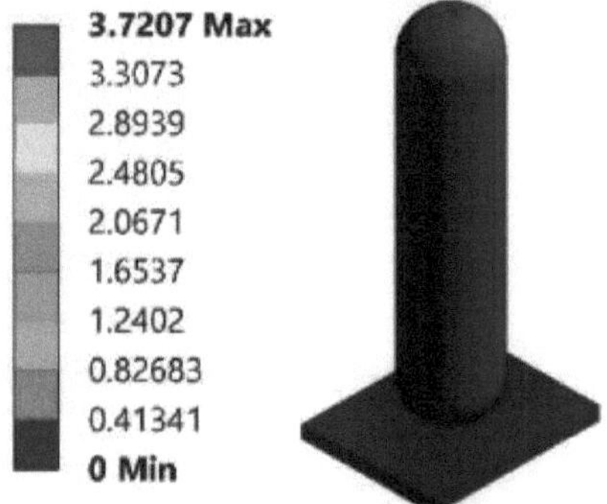

Figura 4.106: Queda vertical em vazio do tipo 3 - Contorno de deformação T12

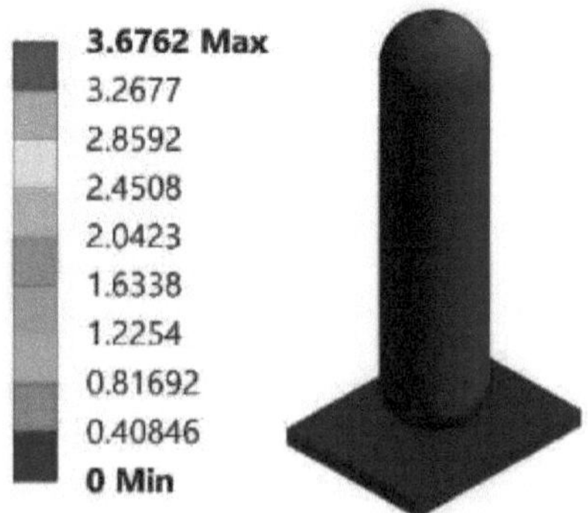

Figura 4.107: Queda vertical em vazio do tipo 3 - Contorno de deformação T15

Figura 4.108: Queda vertical em vazio do tipo 3 - Contorno de deformação T18

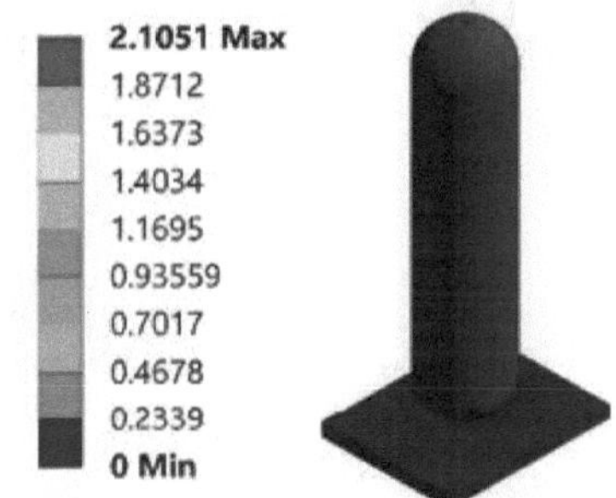

Figura 4.109: Queda vertical em vazio do tipo 3 - Contorno de deformação T21

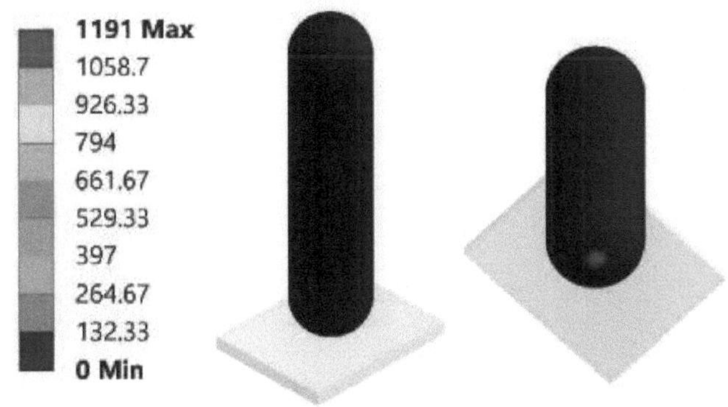

Figura 4.110: Queda vertical em vazio do tipo 3 - Contorno de tensões T7

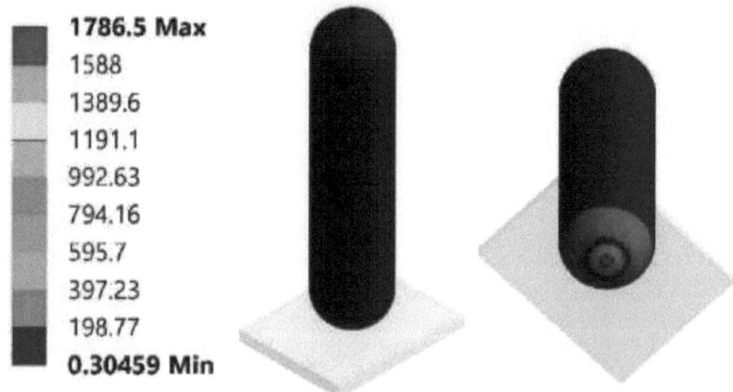

Figura 4.111: Queda vertical em vazio do tipo 3 - Contorno de tensões T12

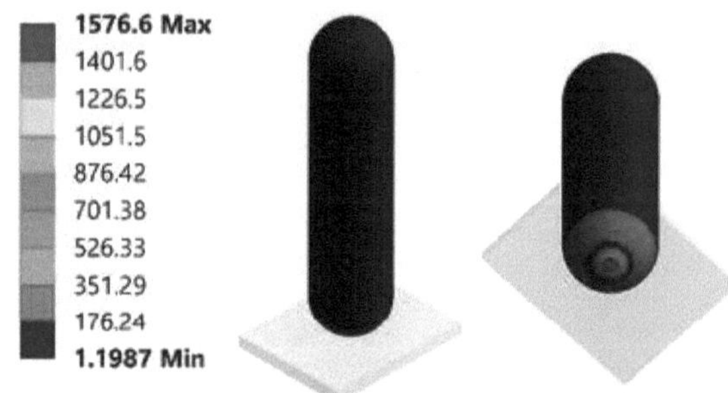

Figura 4.112: Queda vertical em vazio do tipo 3 - Contorno de tensões T15

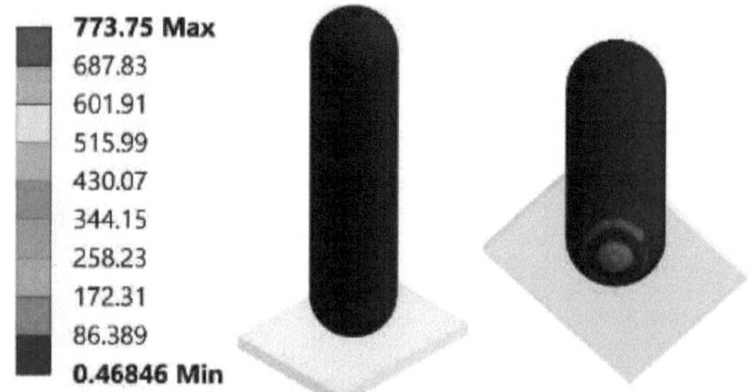

Figura 4.113: Queda vertical em vazio do tipo 3 - Contorno de tensões T18

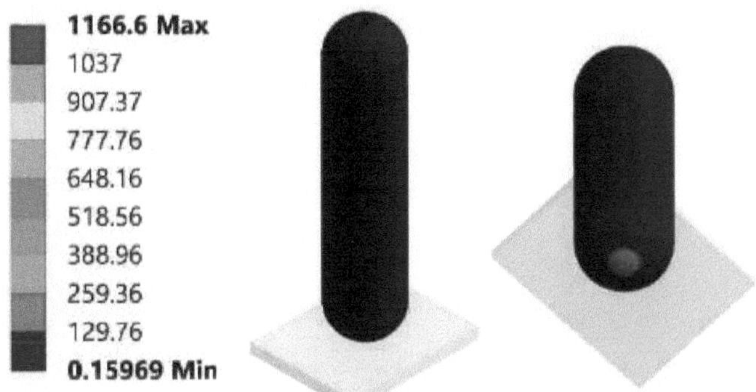

Figura 4.114: Queda vertical em vazio do tipo 3 - Contorno de tensões T21

4.4.3. Tipo 4 WoR

A deformação e a tensão desenvolvidas no cilindro durante e após o impacto são mostradas nas figuras seguintes (4.115 - 4.124). No momento do impacto, desenvolve-se uma tensão máxima de 867,36 MPa.

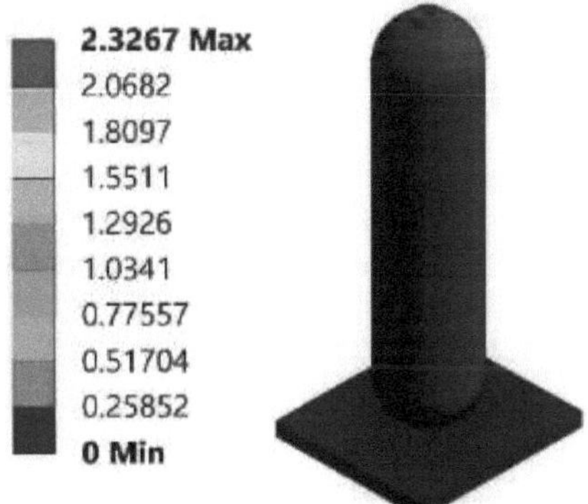

Figura 4.115: Tipo 4 WoR Queda vertical em vazio - Contorno de deformação T7

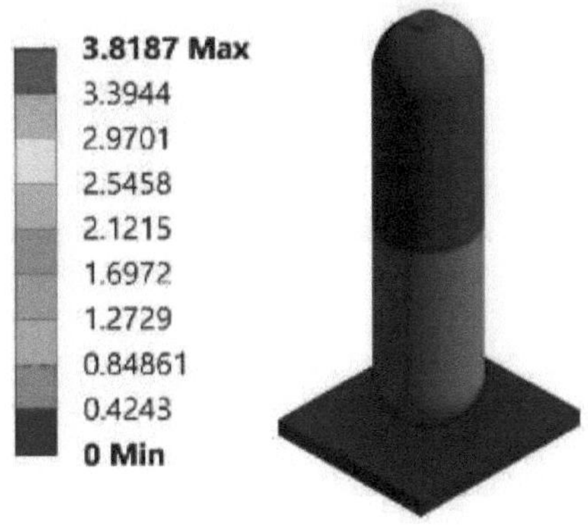

Figura 4.116: Tipo 4 WoR Queda vertical em vazio - Contorno de deformação T11

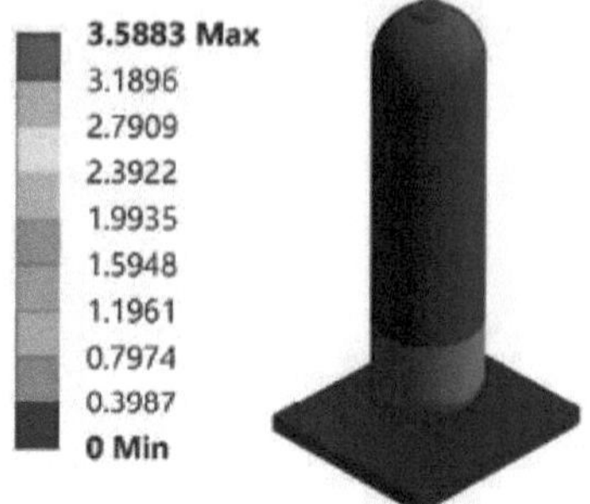

Figura 4.117: Tipo 4 WoR Queda vertical em vazio - Contorno de deformação T14

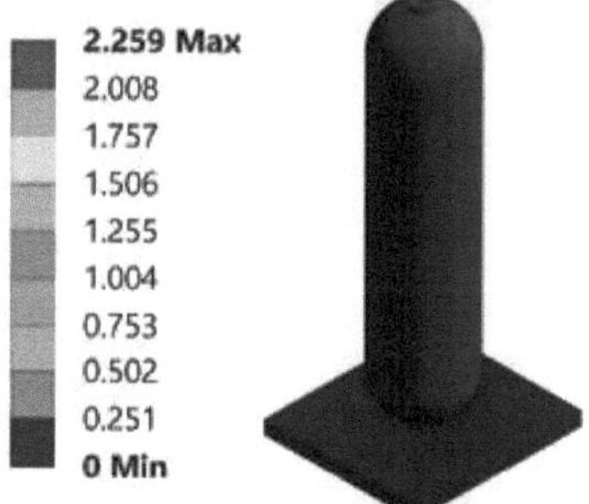

Figura 4.118: Tipo 4 WoR Queda vertical em vazio - Contorno de deformação T18

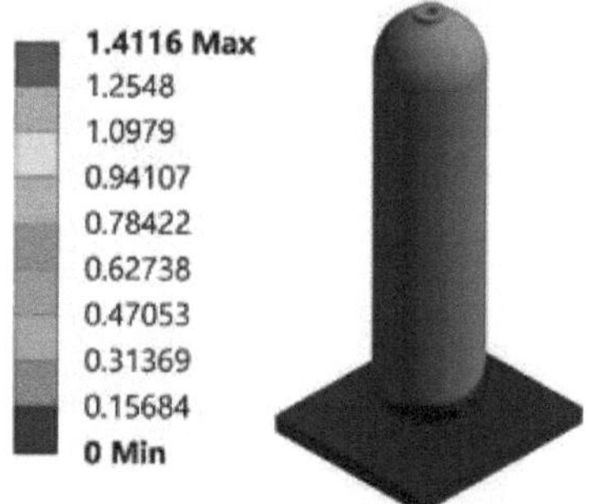

Figura 4.119: Tipo 4 WoR Queda vertical em vazio - Contorno de deformação T21

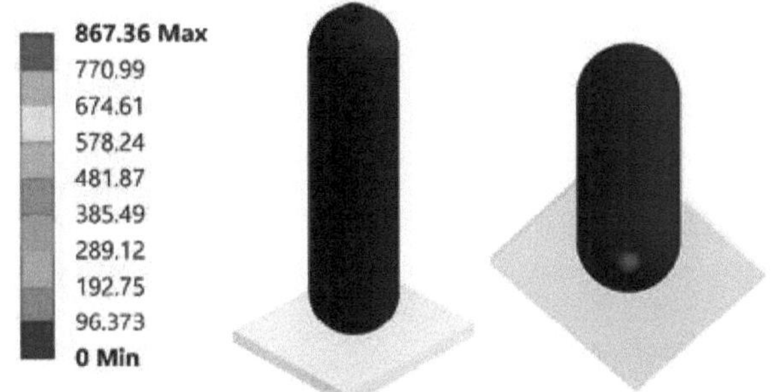

Figura 4.120: Tipo 4 WoR Vazio Queda vertical - Contorno de tensões T7

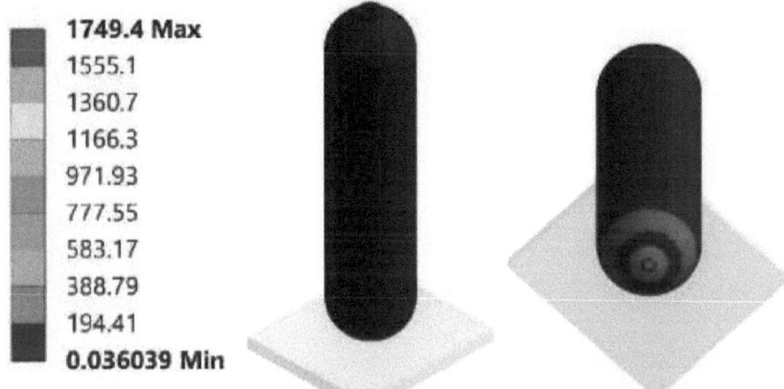

Figura 4.121: Tipo 4 WoR Queda vertical em vazio - Contorno de tensões T11

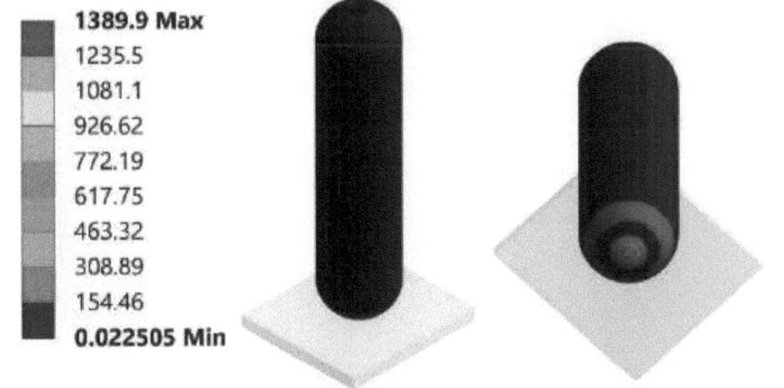

Figura 4.122: Tipo 4 WoR Queda vertical em vazio - Contorno de tensões T14

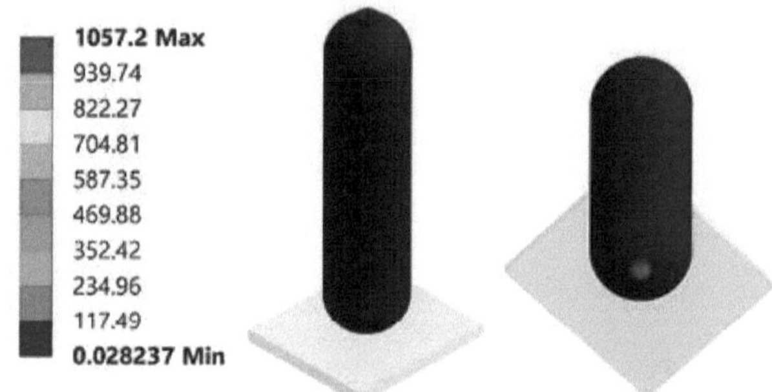

Figura 4.123: Tipo 4 WoR Vazio Queda vertical - Contorno de tensões T18

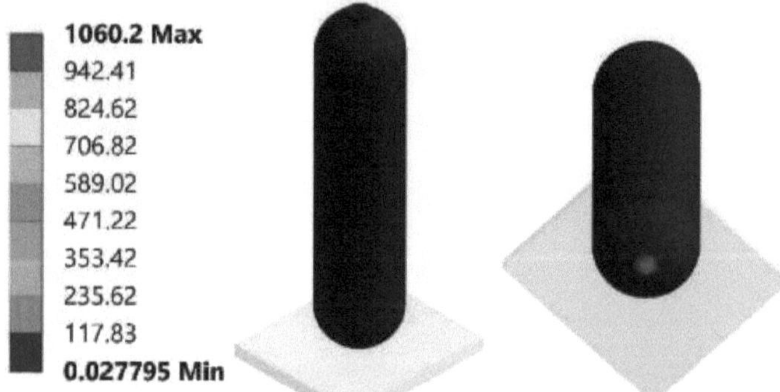

Figura 4.124: Tipo 4 WoR Queda vertical em vazio - Contorno de tensões T21

4.4.4. Tipo 4 WR

A deformação e a tensão desenvolvidas no cilindro durante e após o impacto são mostradas nas figuras seguintes (4.125 - 4.134). No momento do impacto, desenvolve-se uma tensão máxima de 1193 MPa.

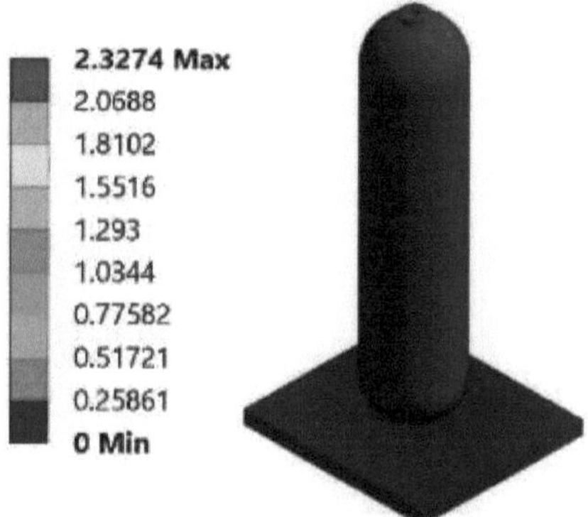

Figura 4.125: Tipo 4 WR Queda vertical em vazio - Contorno de deformação T7

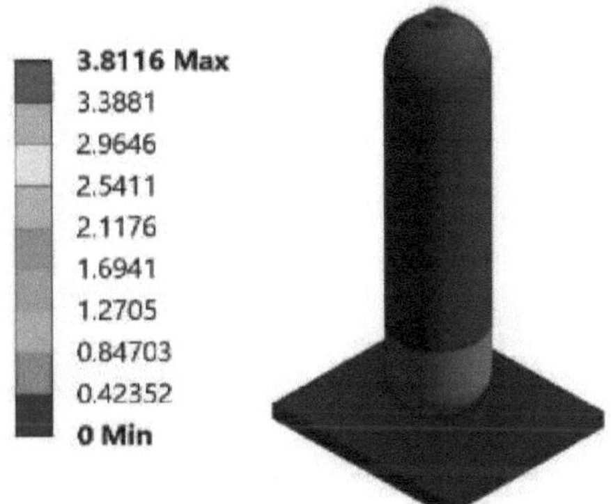

Figura 4.126: Tipo 4 WR Queda vertical em vazio - Contorno de deformação T11

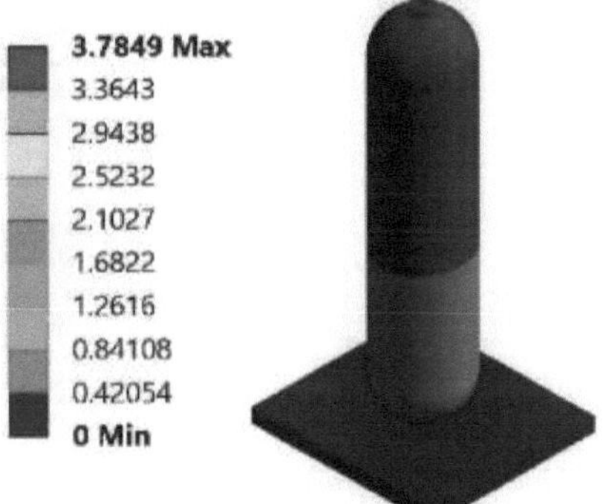

Figura 4.127: Tipo 4 WR Queda vertical em vazio - Contorno de deformação T14

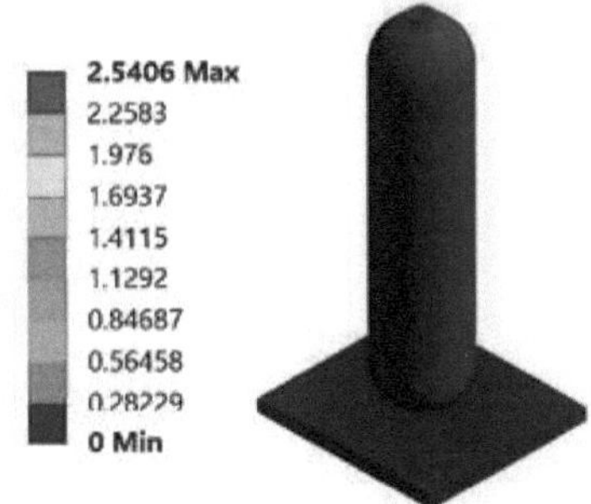

Figura 4.128: Tipo 4 WR Queda vertical em vazio - Contorno de deformação T18

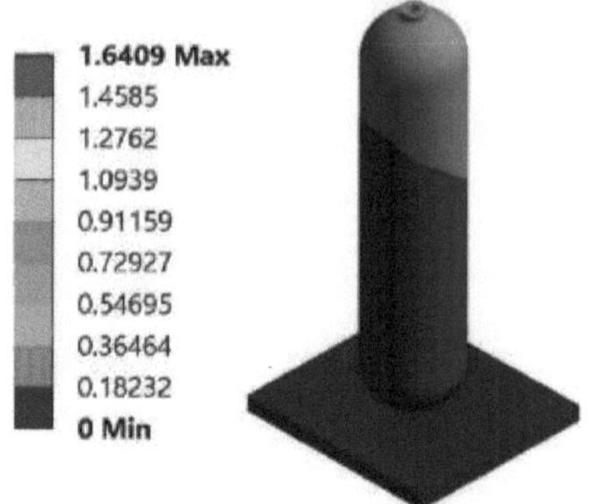

Figura 4.129: Tipo 4 WR Queda vertical em vazio - Contorno de deformação T21

Figura 4.130: Tipo 4 WR Queda vertical em vazio - Contorno de tensões T7

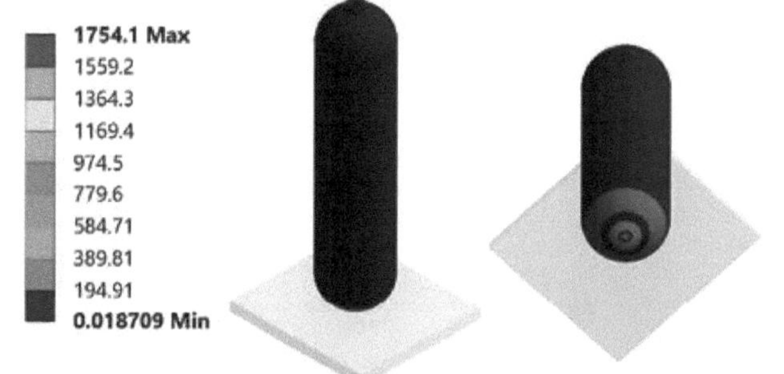

Figura 4.131: Tipo 4 WR Queda vertical em vazio - Contorno de tensões T11

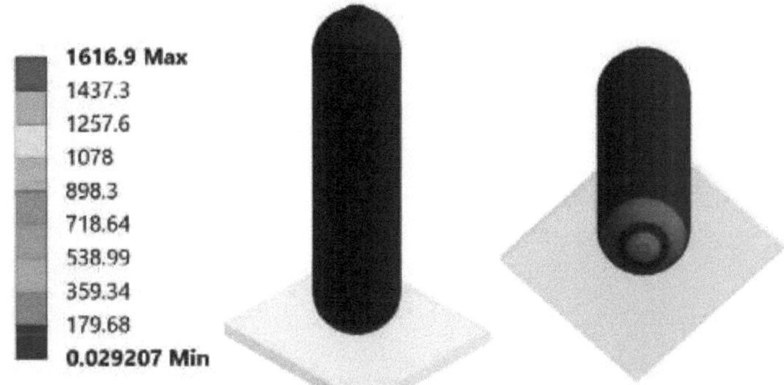

Figura 4.132: Queda vertical em vazio do tipo 4 WR - Contorno de tensões T14

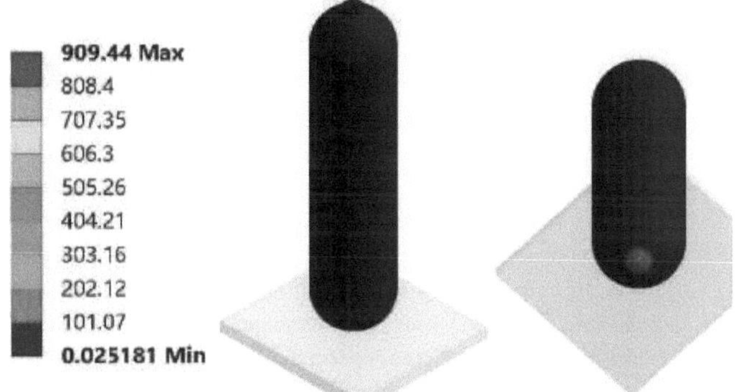

Figura 4.133: Tipo 4 WR Queda vertical em vazio - Contorno de tensões T18

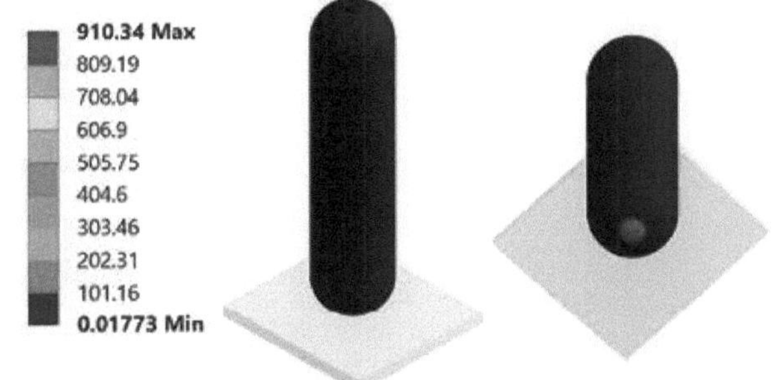

Figura 4.134: Tipo 4 WR Queda vertical em vazio - Contorno de tensões T21

4.4.5. Resumo

Cilindro vazio Queda vertical

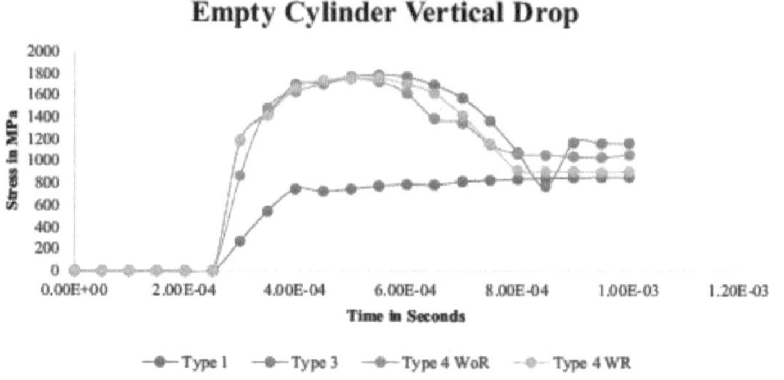

Figura 4.135: Queda vertical do cilindro vazio - Resumo

A Figura 4.135 mostra a comparação entre os quatro cilindros vazios durante a simulação de queda vertical. Em contraste com os casos anteriores, todos os quatro cilindros entram em contacto com o solo aos 3E-04 segundos. O cilindro do Tipo 1 tem uma tensão de impacto média de 800 MPa durante todo o período de tempo. No caso dos cilindros dos tipos 3 e 4, observamos um grande pico nos valores de tensão devido ao impacto e um declínio súbito dos mesmos à medida que o tempo avança. Embora não haja grande diferença na tensão máxima induzida, uma vez que os três cilindros rondam os 1800 MPa, pode observar-se uma variação na estabilidade após 8E-04 segundos. Observa-se um pequeno pico de tensão no cilindro do Tipo 3, mas os cilindros WoR e WR do Tipo 4 permanecem estáveis com uma tensão média de cerca de 1000 MPa e 900 MPa, respetivamente. Assim, podemos concluir que o cilindro WR do Tipo 4 tem um melhor desempenho após o impacto do que os restantes cilindros.

4.5. Cilindro cheio Queda vertical

4.5.1. Tipo 1

A deformação e a tensão desenvolvidas no cilindro durante, antes e depois do impacto são mostradas nas figuras seguintes (4.136 - 4.145). No momento do impacto, desenvolve-se uma tensão máxima de 449,03 MPa.

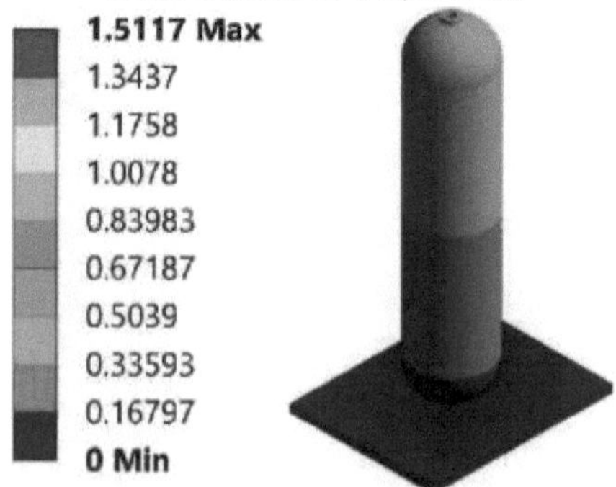

Figura 4.136: Queda vertical preenchida do tipo 1 - Contorno de deformação T4

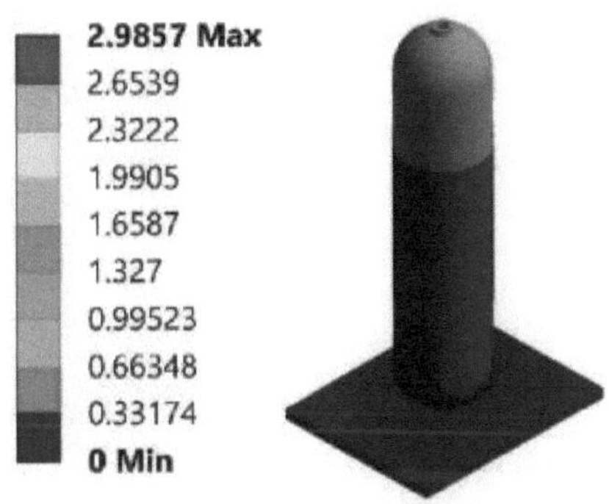

Figura 4.137: Queda vertical cheia de tipo 1 - Contorno de deformação T8

Figura 4.138: Queda vertical preenchida do tipo 1 - Contorno de deformação T12

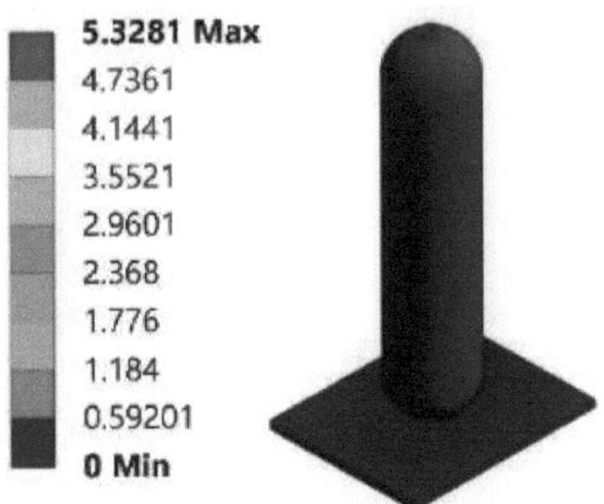

Figura 4.139: Queda vertical preenchida do tipo 1 - Contorno de deformação T16

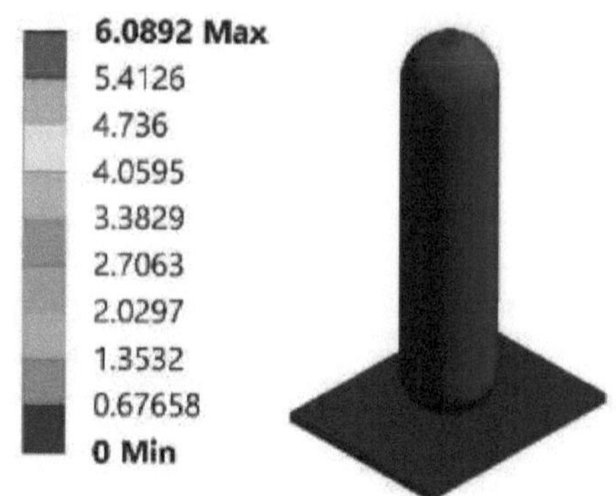

Figura 4.140: Queda vertical preenchida do tipo 1 - Contorno de deformação T21

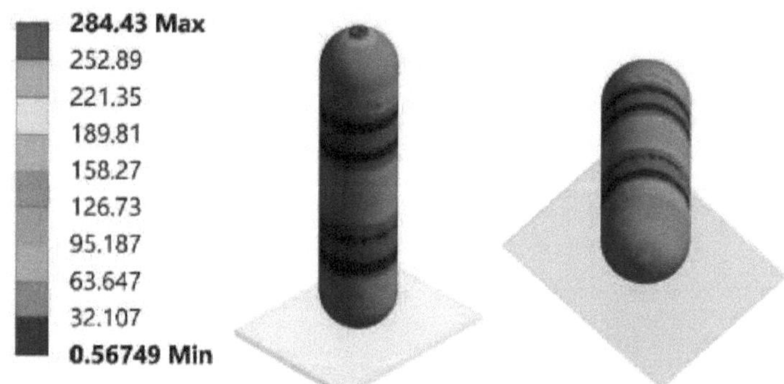

Figura 4.141: Queda vertical cheia de tipo 1 - Contorno de tensões T4

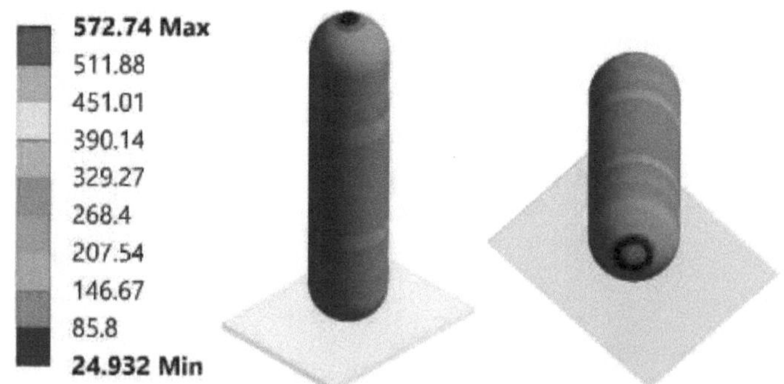

Figura 4.142: Queda vertical preenchida do tipo 1 - Contorno de tensões T8

Figura 4.143: Queda vertical preenchida do tipo 1 - Contorno de tensões T12

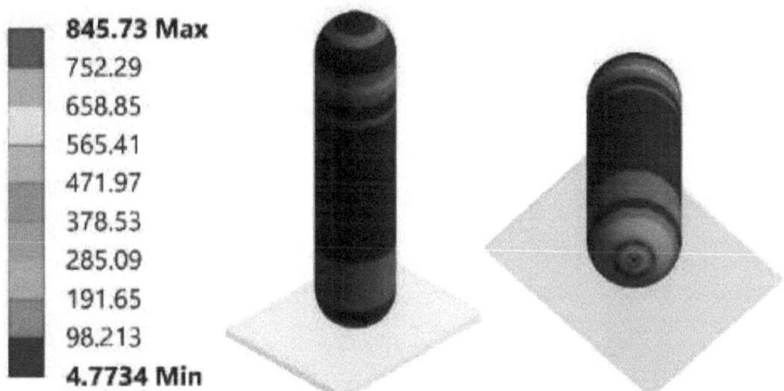

Figura 4.144: Queda vertical preenchida do tipo 1 - Contorno de tensões T16

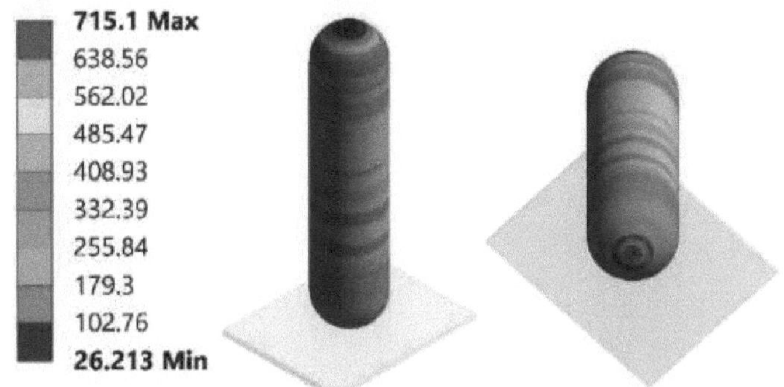

Figura 4.145: Queda vertical preenchida do tipo 1 - Contorno de tensões T21

4.5.2. Tipo 3

A deformação e a tensão desenvolvidas no cilindro durante, antes e depois do impacto são
mostradas nas figuras seguintes (4.146 - 4.155). No momento do impacto, desenvolve-se uma

tensão máxima de 516,81 MPa.

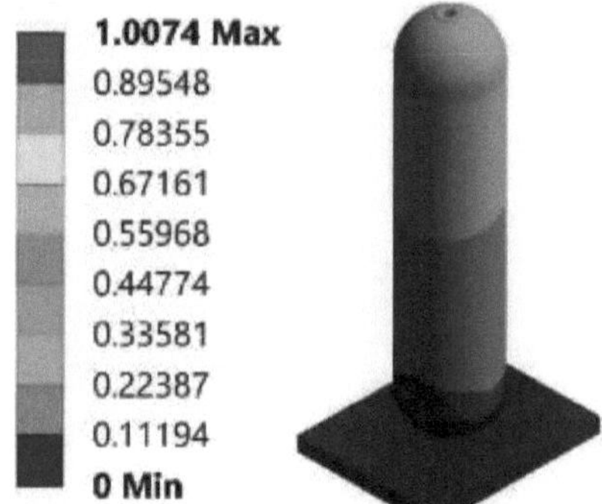

Figura 4.146: Queda vertical cheia do tipo 3 - Contorno de deformação T3

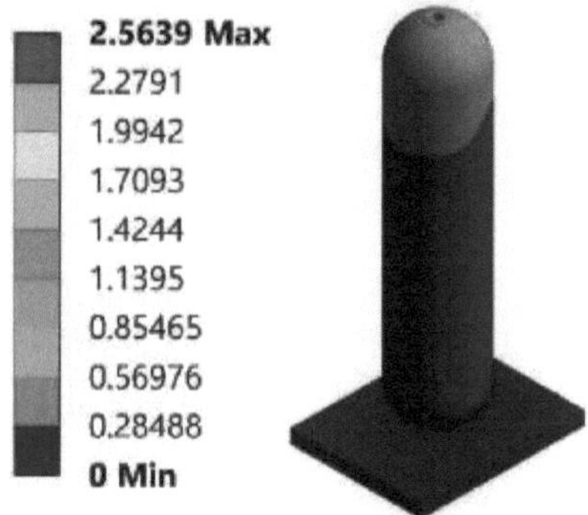

Figura 4.147: Queda vertical preenchida do tipo 3 - Contorno de deformação T7

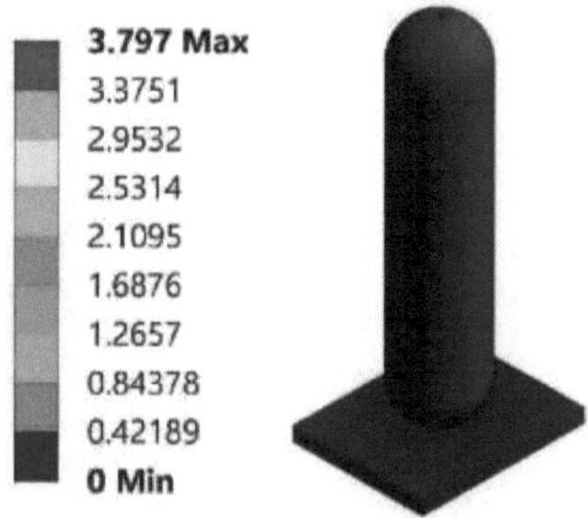

Figura 4.148: Queda vertical preenchida do tipo 3 - Contorno de deformação T12

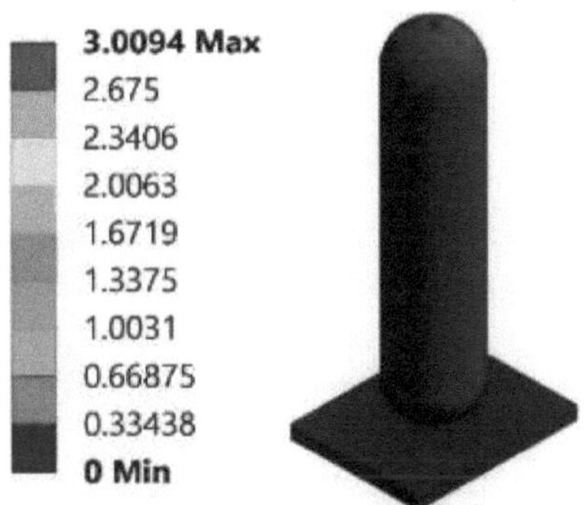

Figura 4.149: Gota vertical preenchida do tipo 3 - Contorno de deformação T18

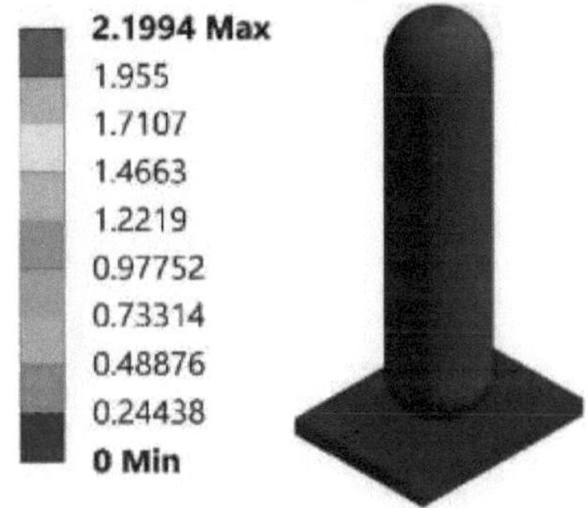

Figura 4.150: Queda vertical preenchida do tipo 3 - Contorno de deformação T21

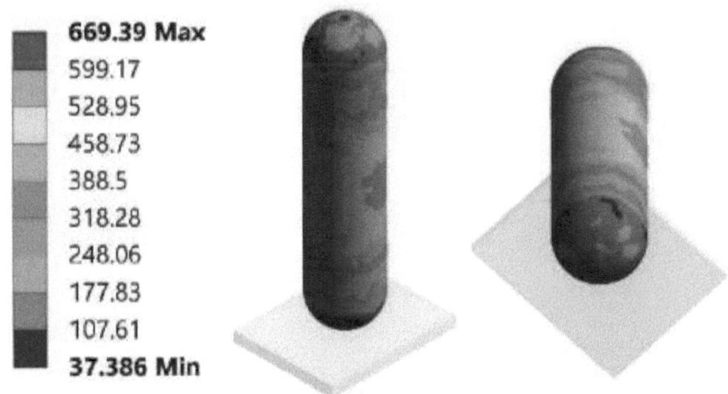

Figura 4.151: Queda vertical preenchida do tipo 3 - Contorno de tensões T3

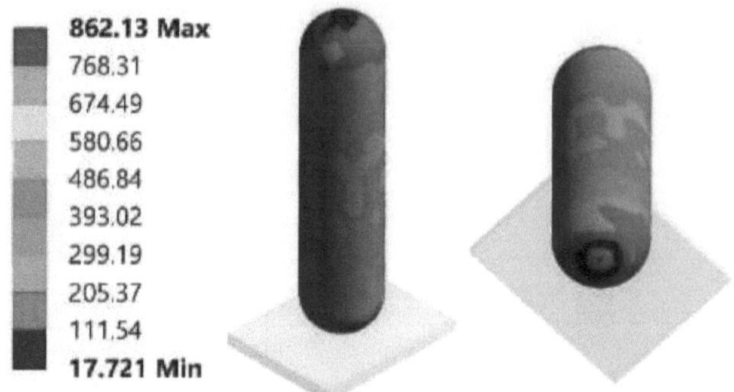

Figura 4.152: Queda vertical preenchida do tipo 3 - Contorno de tensões T7

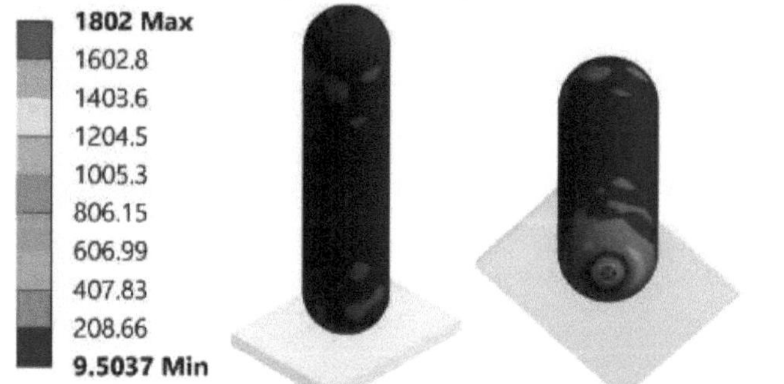

Figura 4.153: Queda vertical preenchida do tipo 3 - Contorno de tensões T12

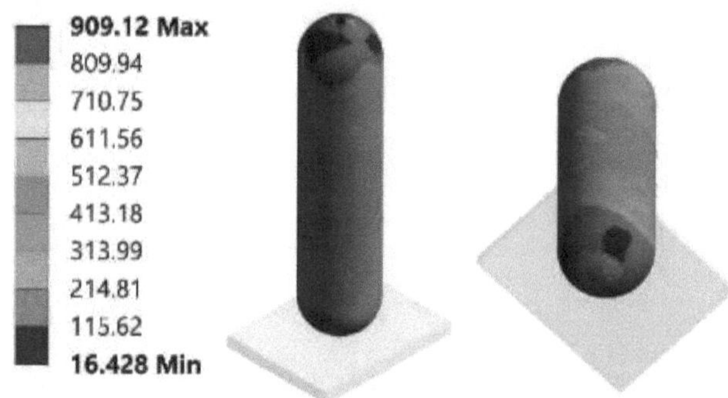

Figura 4.154: Queda vertical preenchida do tipo 3 - Contorno de tensões T18

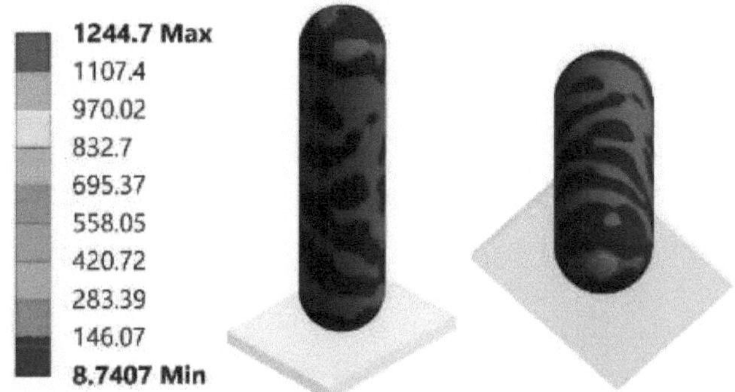

Figura 4.155: Queda vertical cheia de tipo 3 - Contorno de tensões T21

4.5.3. Tipo 4 WoR

A deformação e a tensão desenvolvidas no cilindro durante, antes e depois do impacto são mostradas nas figuras seguintes (4.156 - 4.165). No momento do impacto, desenvolve-se uma tensão máxima de 490,71 MPa.

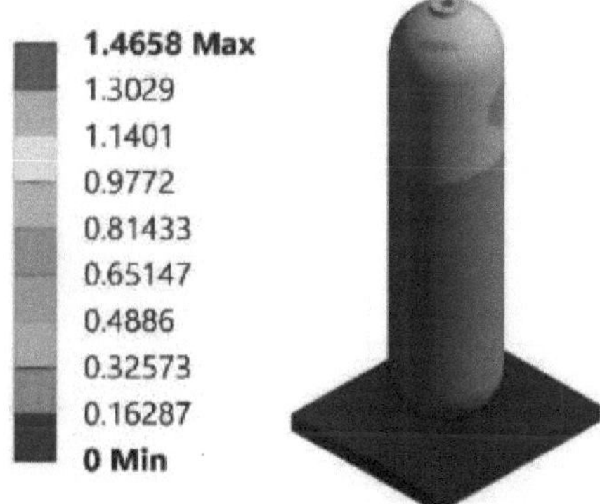

Figura 4.156: Queda vertical preenchida com WoR do tipo 4 - Contorno de deformação T4

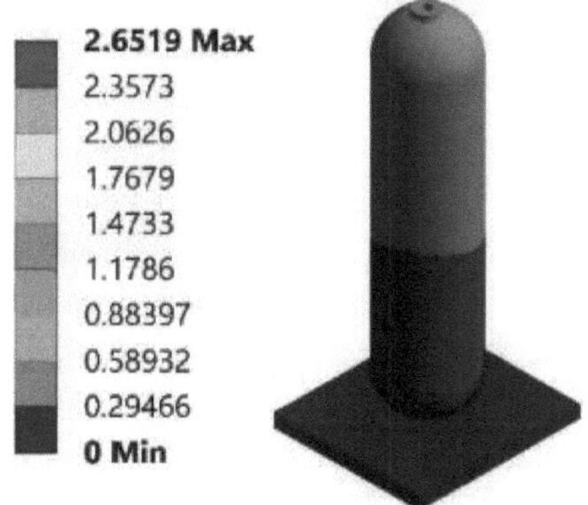

Figura 4.157: Gota vertical preenchida com WoR do tipo 4 - Contorno de deformação T7

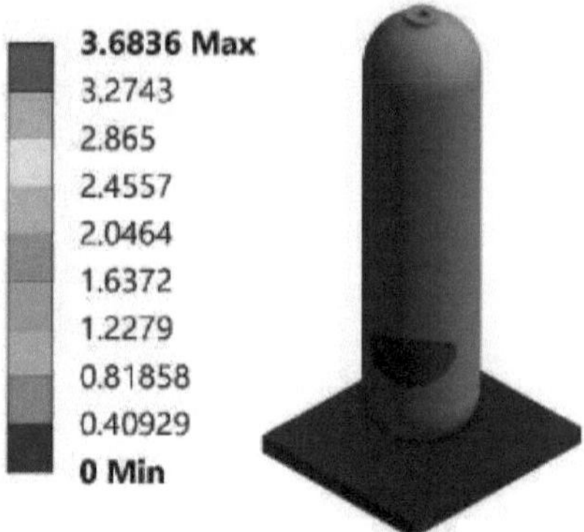

Figura 4.158: Queda vertical preenchida com WoR do tipo 4 - Contorno de deformação T10

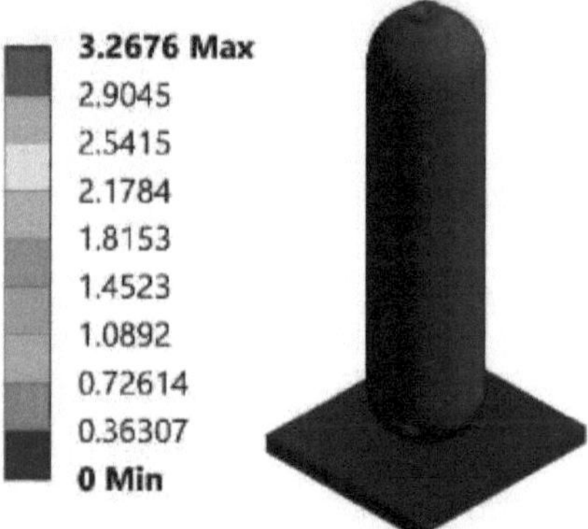

Figura 4.159: Queda vertical preenchida com WoR do tipo 4 - Contorno de deformação T15

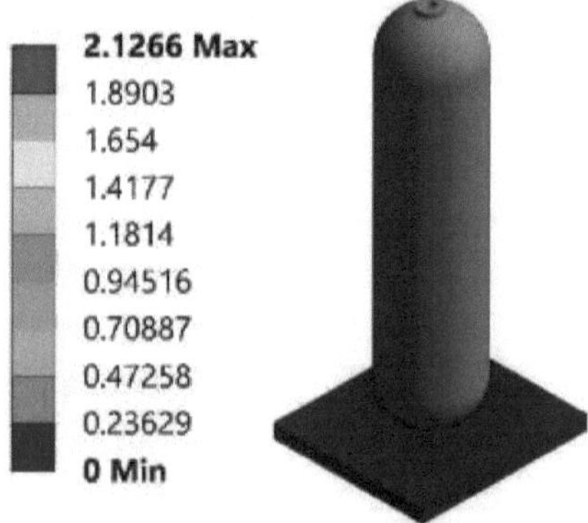

Figura 4.160: Queda vertical preenchida com WoR do tipo 4 - Contorno de deformação T19

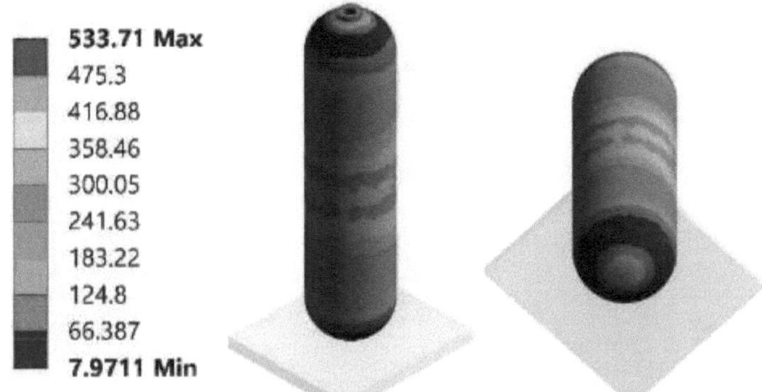

Figura 4.161: Queda vertical preenchida com WoR do tipo 4 - Contorno de tensões T4

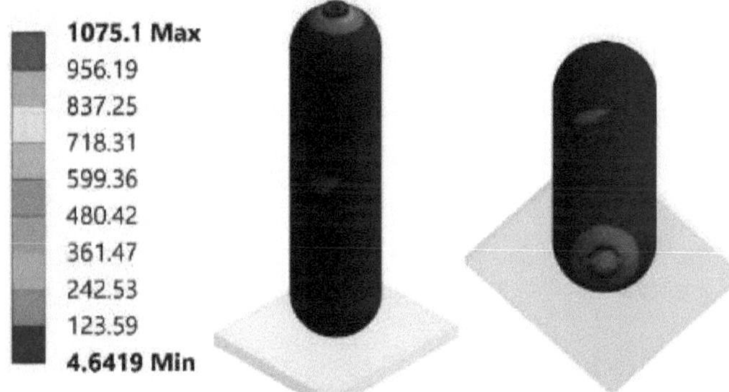

Figura 4.162: Queda vertical preenchida com WoR do tipo 4 - Contorno de tensões T7

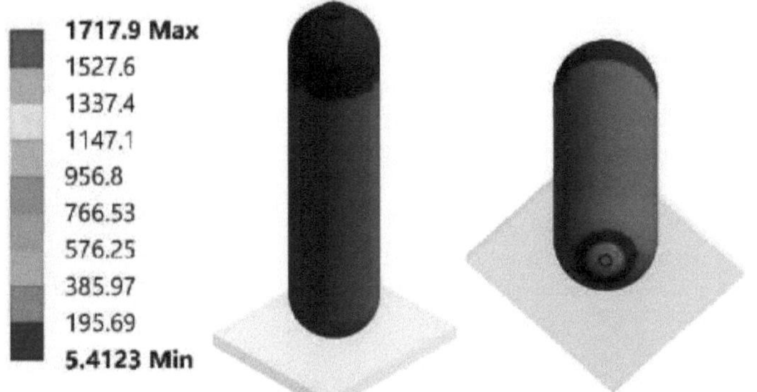

Figura 4.163: Queda vertical preenchida com WoR do tipo 4 - Contorno de tensões T10

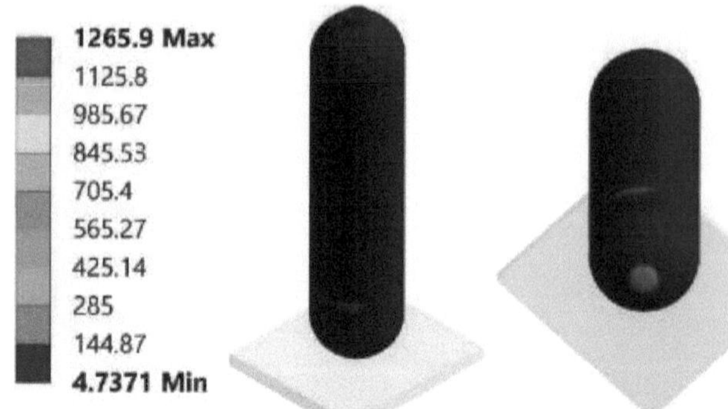

Figura 4.164: Queda vertical preenchida com WoR do tipo 4 - Contorno de tensões T15

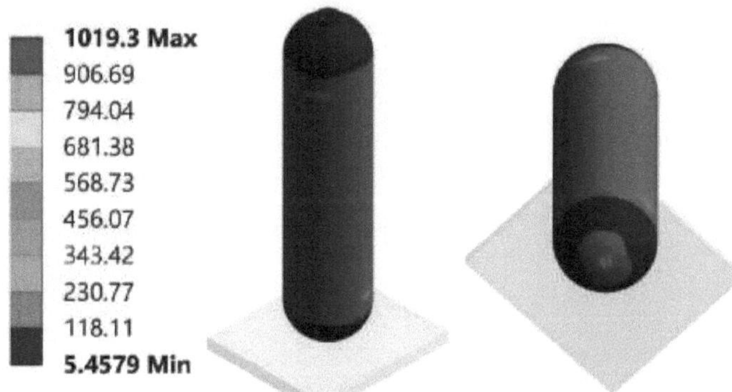

Figura 4.165: Queda vertical preenchida com WoR do tipo 4 - Contorno de tensões T19

4.5.4. Tipo 4 WR

A deformação e a tensão desenvolvidas no cilindro durante, antes e depois do impacto são mostradas nas figuras seguintes (4.166 - 4.175). No momento do impacto, desenvolve-se uma tensão máxima de 766,4 MPa.

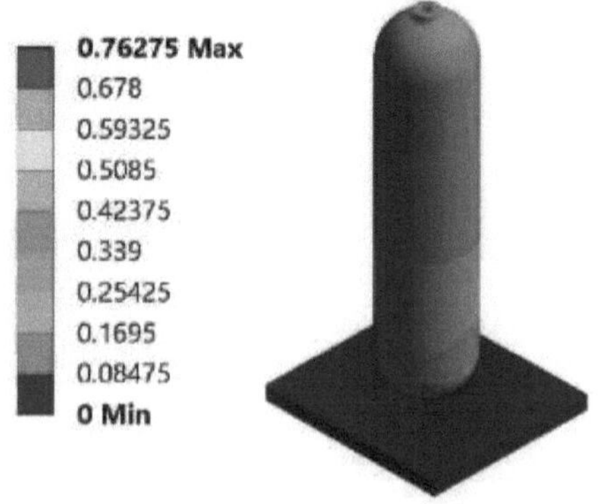

Figura 4.166: Queda vertical preenchida com WR do tipo 4 - Contorno de deformação T2

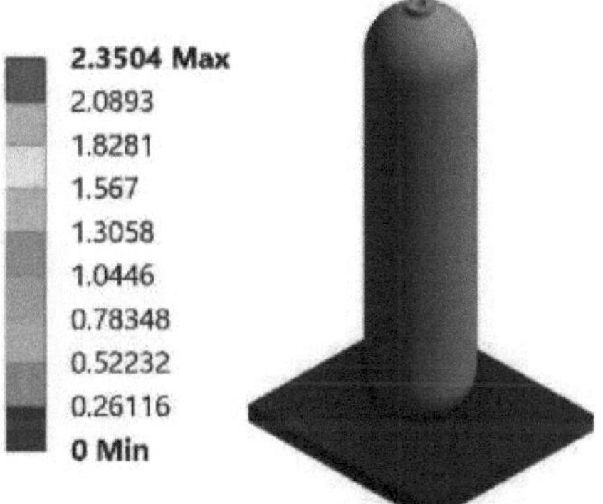

Figura 4.167: Queda vertical preenchida com WR do tipo 4 - Contorno de deformação T6

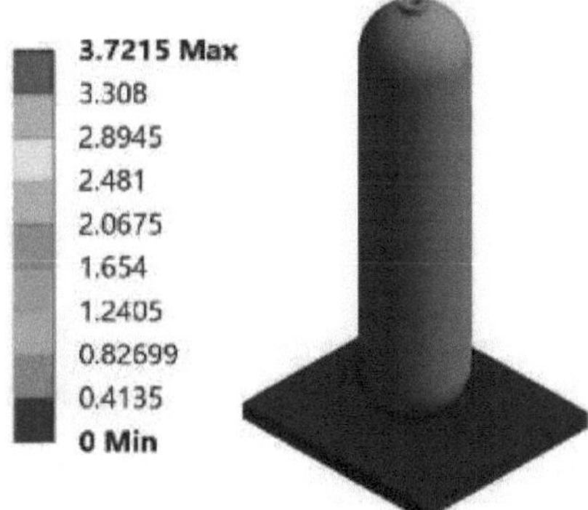

Figura 4.168: Queda vertical preenchida com WR do tipo 4 - Contorno de deformação T10

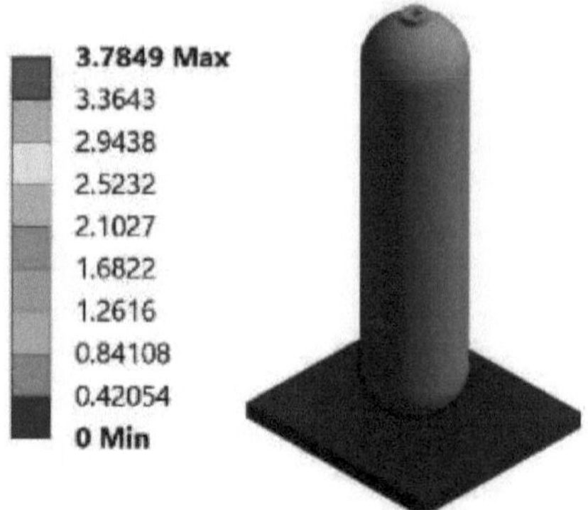

Figura 4.169: Queda vertical preenchida com WR do tipo 4 - Contorno de deformação T14

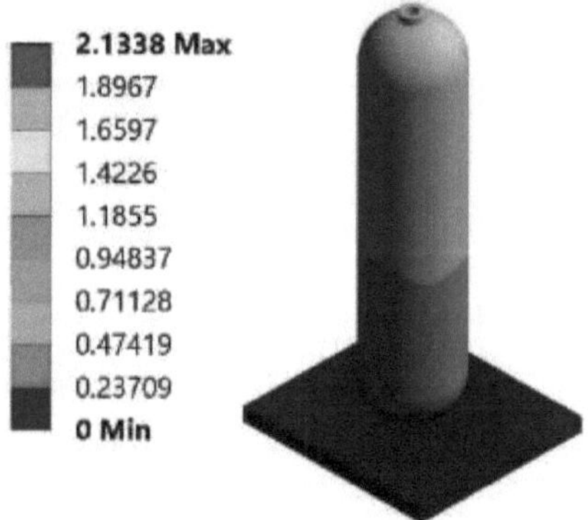

Figura 4.170: Queda vertical preenchida com WR do tipo 4 - Contorno de deformação T20

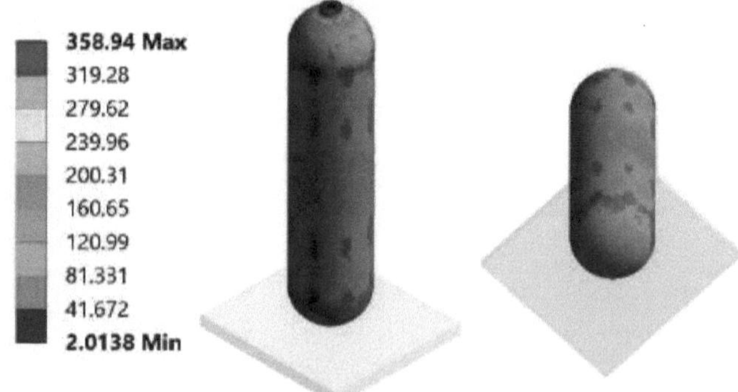

Figura 4.171: Queda vertical preenchida com WR do tipo 4 - Contorno de tensões T2

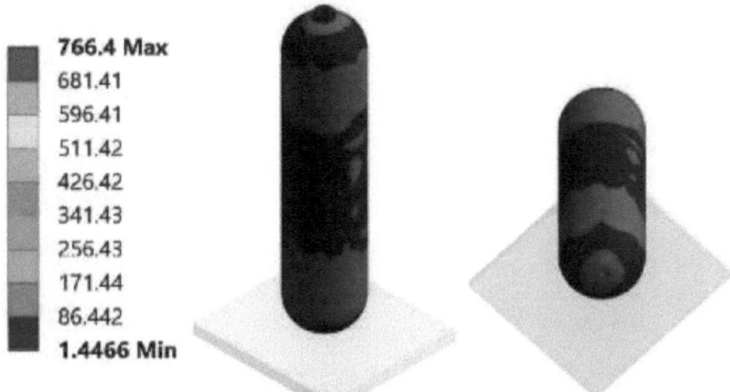

Figura 4.172: Queda vertical preenchida com WR do tipo 4 - Contorno de tensões T6

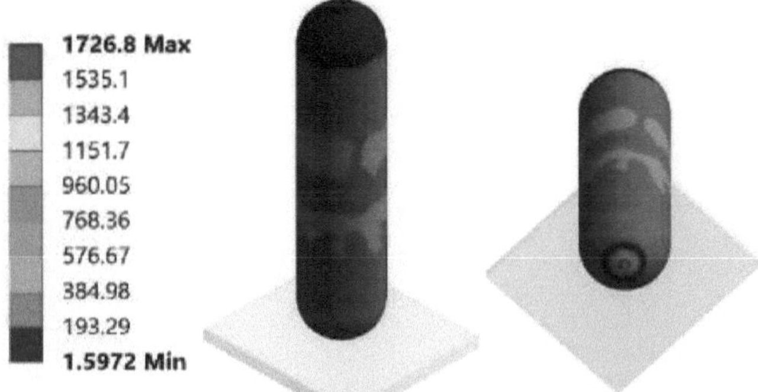

Figura 4.173: Gota vertical preenchida com WR do tipo 4 - Contorno de tensões T10

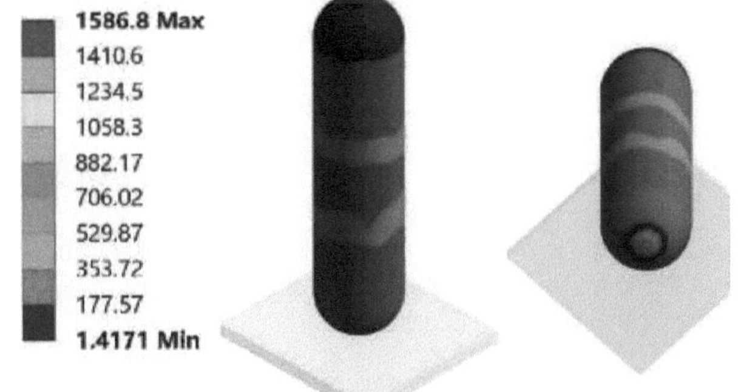

Figura 4.174: Queda vertical preenchida com WR do tipo 4 - Contorno de tensões T14

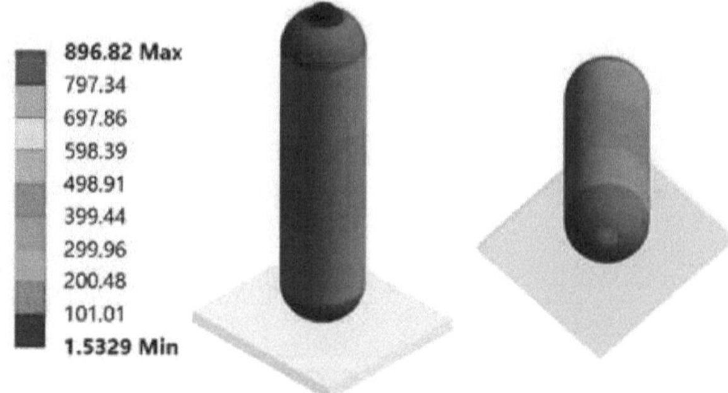

Figura 4.175: Queda vertical preenchida com WR do tipo 4 - Contorno de tensões T20

4.5.5. Resumo

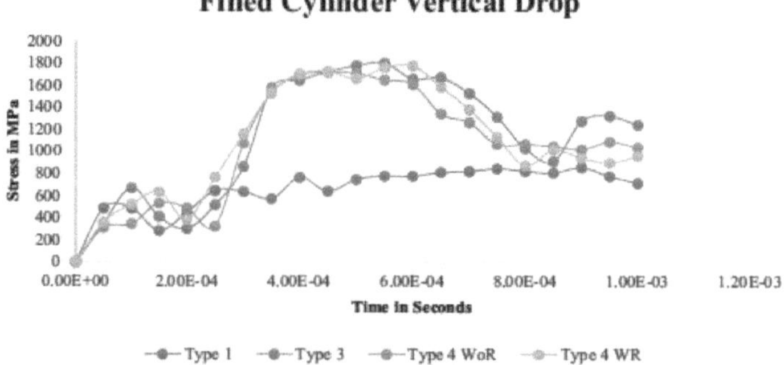

Figura 4.176: Queda Vertical do Cilindro Cheio - Resumo

A Figura 4.176 mostra a comparação entre os quatro cilindros cheios durante a simulação de queda vertical. A flutuação nos valores de tensão devido ao efeito gravitacional é observada entre 0 e 2E-04 segundos. Os cilindros entram em contacto com o solo aos 2E-04 segundos. No cilindro de tipo 1, os valores de tensão após o impacto são aproximadamente o dobro dos valores antes do impacto. Mas, no caso dos cilindros de tipo 3 e 4, os valores de tensão após o impacto são 3,5-4 vezes superiores aos valores antes do impacto. Além disso, observa-se um pico secundário nos valores de tensão por volta dos 8E-04 segundos nas garrafas dos tipos 3 e 4. Semelhante a um cilindro vazio, o Tipo 4 WR tem um pico muito mais curto quando comparado com o Tipo 3. Assim, podemos concluir que o tipo 4WR tem um melhor desempenho do que os cilindros após o impacto.

4.6. Cilindro vazio Impacto de média velocidade

4.6.1. Tipo 1

A deformação, a tensão e a tensão de barriga desenvolvidas no cilindro durante e após o impacto são mostradas nas figuras seguintes (4.177 - 4.186). Foi induzida uma tensão máxima de 671,57 MPa aquando do impacto.

Figura 4.177: MSI vazio de tipo 1 - Contorno de deformação T3

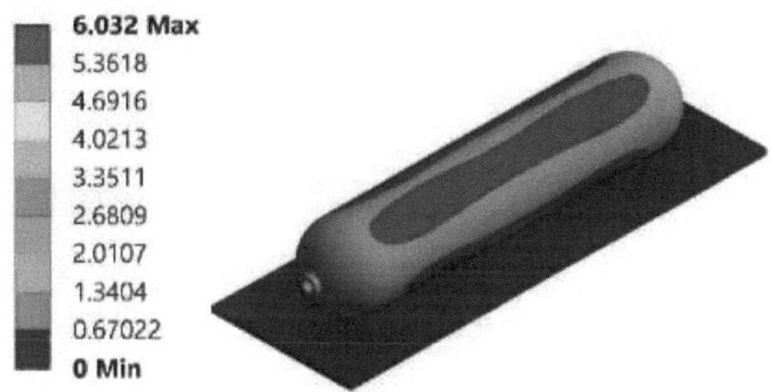

Figura 4.178: MSI vazio de tipo 1 - Contorno de deformação T7

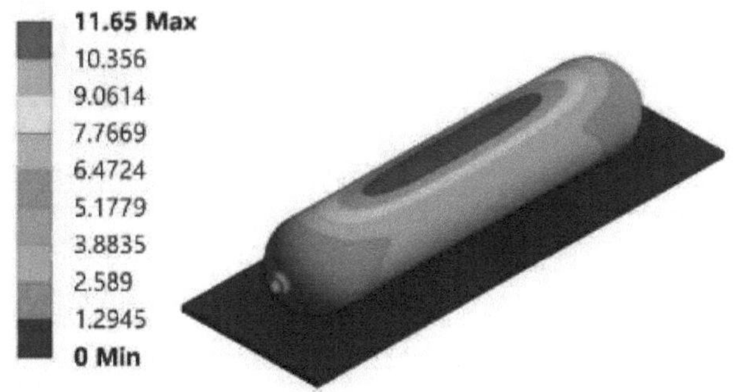

Figura 4.179: MSI vazio de tipo 1 - Contorno de deformação T11

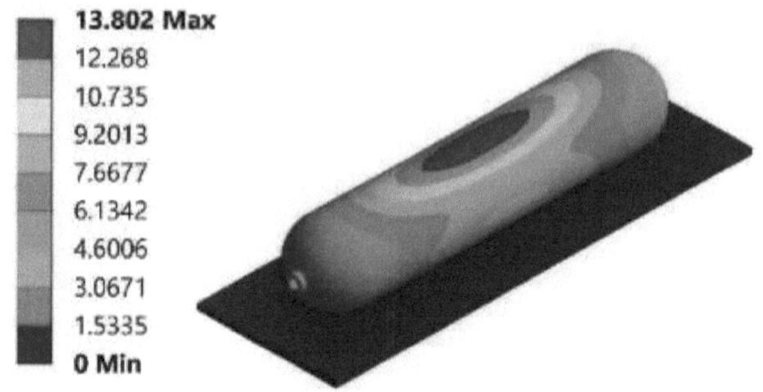

Figura 4.180: MSI vazio de tipo 1 - Contorno de deformação T16

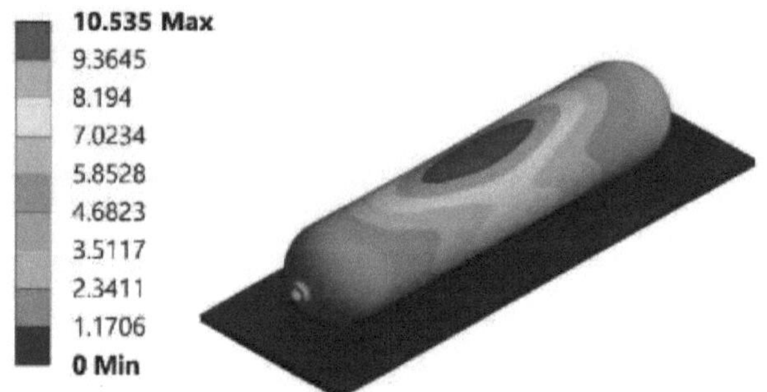

Figura 4.181: MSI vazio de tipo 1 - Contorno de deformação T20

Figura 4.182: MSI vazio de tipo 1 - Contorno de tensões T3

Figura 4.183: MSI vazio de tipo 1 - Contorno de tensões T7

Figura 4.184: MSI vazio de tipo 1 - Contorno de tensões T11

Figura 4.185: MSI vazio de tipo 1 - Contorno de tensões T16

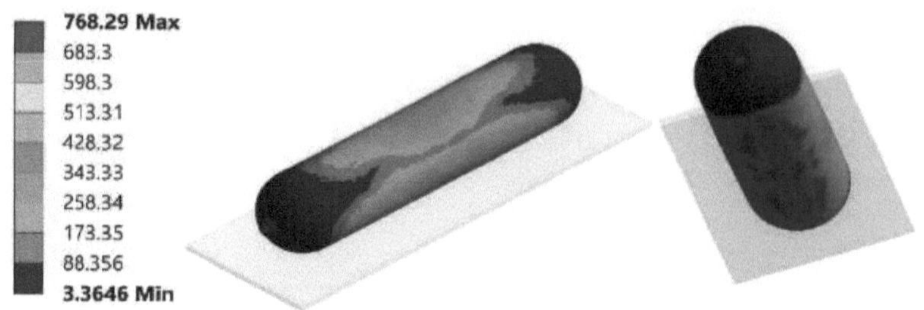

Figura 4.186: MSI vazio de tipo 1 - Contorno de tensões T20

4.6.2. Tipo 3

A deformação, a tensão e a tensão de barriga desenvolvidas no cilindro durante e após o impacto são mostradas nas figuras seguintes (4.187 - 4.196). Foi induzida uma tensão máxima de 1456,5 MPa aquando do impacto.

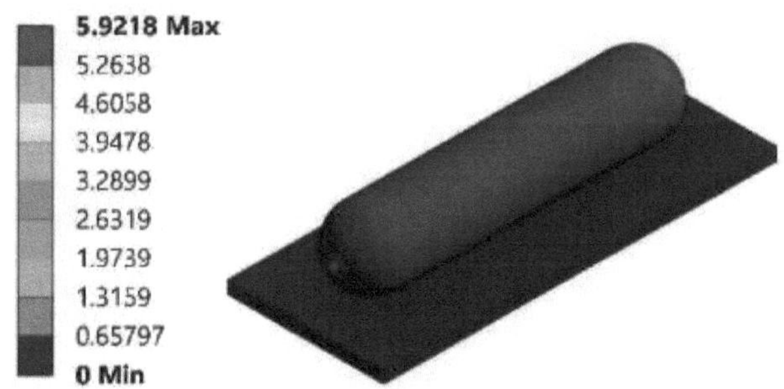

Figura 4.187: MSI vazio de tipo 3 - Contorno de deformação T7

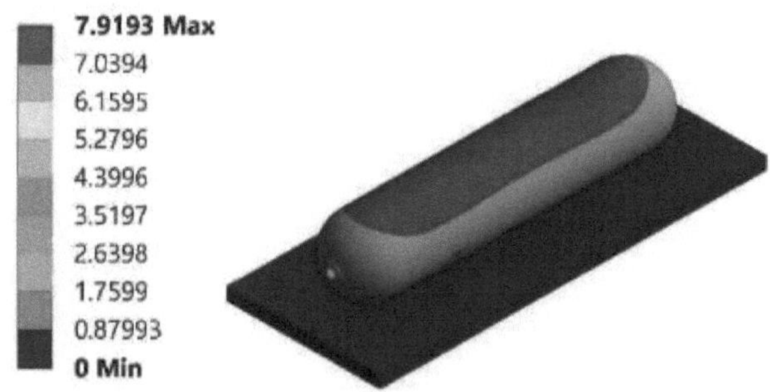

Figura 4.188: MSI vazio de tipo 3 - Contorno de deformação T9

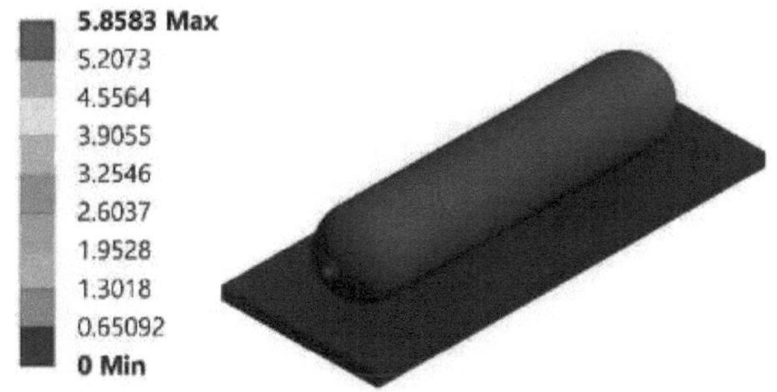

Figura 4. 189: MSI vazio do tipo 3 - Contorno de deformação T15

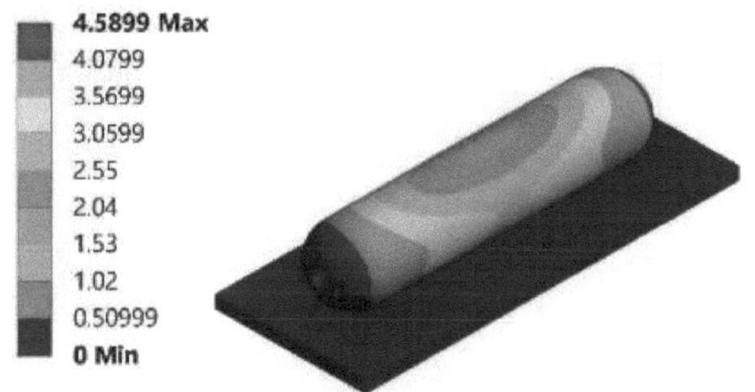

Figura 4.190: MSI vazio de tipo 3 - Contorno de deformação T18

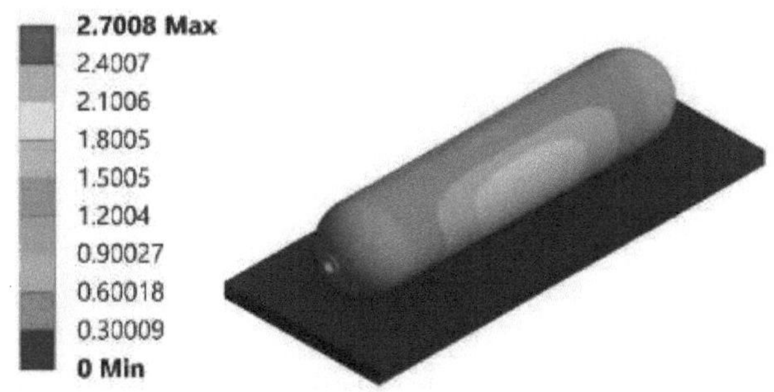

Figura 4.191: MSI vazio de tipo 3 - Contorno de deformação T21

Figura 4.192: MSI vazio de tipo 3 - Contorno de tensão T7

Figura 4.193: MSI vazio de tipo 3 - Contorno de tensões T9

Figura 4.194: MSI vazio de tipo 3 - Contorno de tensões T15

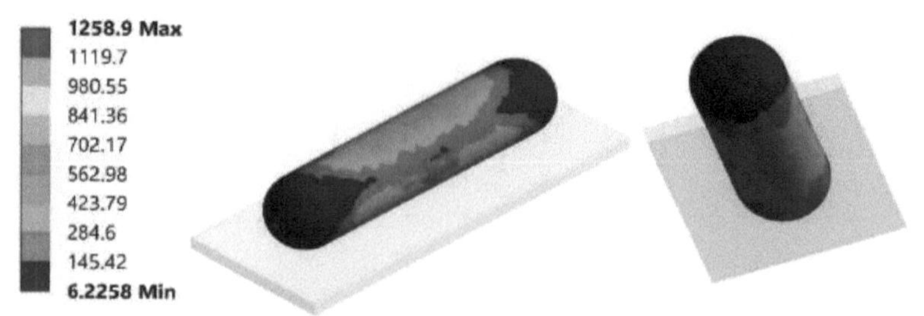

Figura 4.195: MSI vazio de tipo 3 - Contorno de tensões T18

Figura 4.196: MSI vazio de tipo 3 - Contorno de tensões T21

4.6.3. Tipo 4 WoR

A deformação, a tensão e a tensão de barriga desenvolvidas no cilindro durante e após o impacto são mostradas nas figuras seguintes (4.197 - 4.206). Foi induzida uma tensão máxima de 1511,5 MPa aquando do impacto.

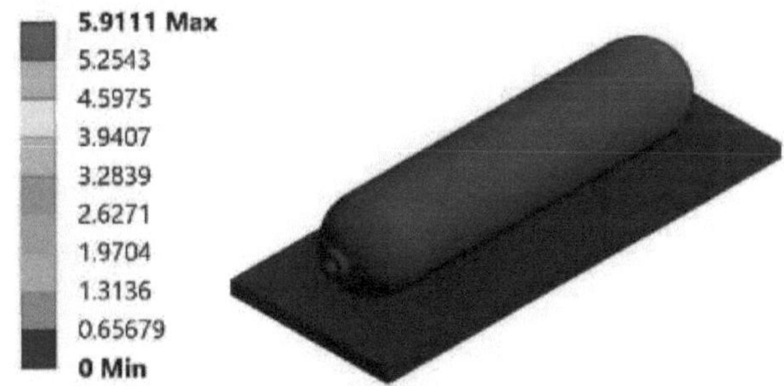

Figura 4.197: Tipo 4 WoR Empty MSI - Contorno de deformação T7

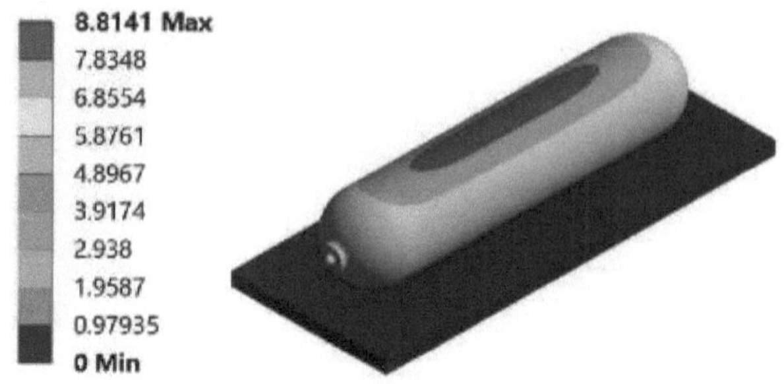

Figura 4.198: Tipo 4 WoR Vazio MSI - Contorno de deformação T9

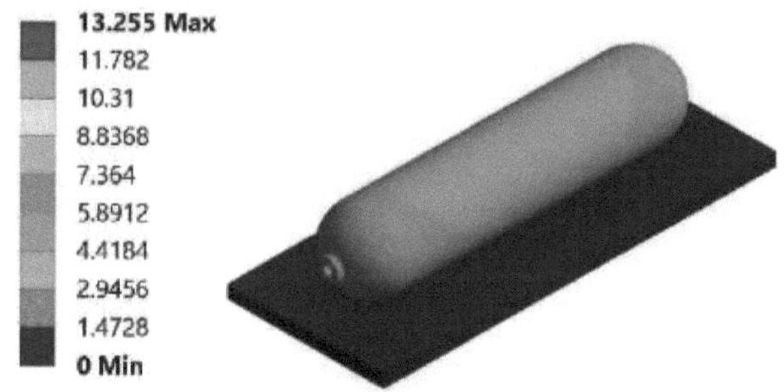

Figura 4.199: Tipo 4 WoR Empty MSI - Contorno de deformação T14

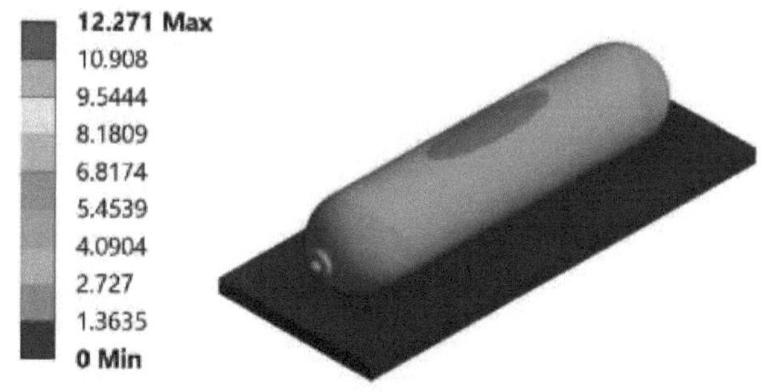

Figura 4.200: Tipo 4 WoR Vazio MSI - Contorno de deformação T15

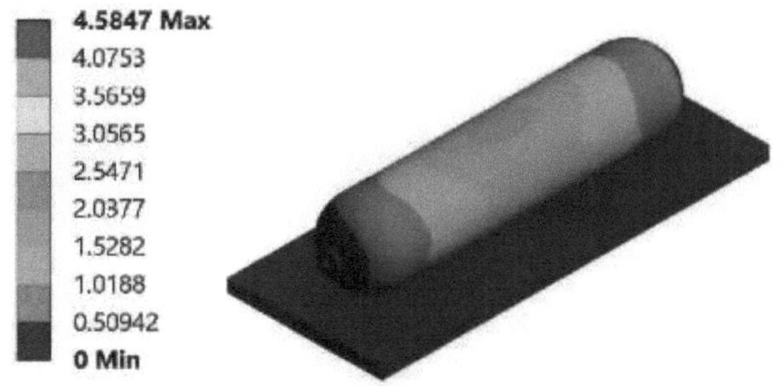

Figura 4.201: Tipo 4 WoR Vazio MSI - Contorno de deformação T19

Figura 4.202: Tipo 4 WoR Vazio MSI - Contorno de tensão T7

Figura 4.203: Tipo 4 WoR Vazio MSI - Contorno de tensão T9

Figura 4.204: Tipo 4 WoR Vazio MSI - Contorno de tensões T14

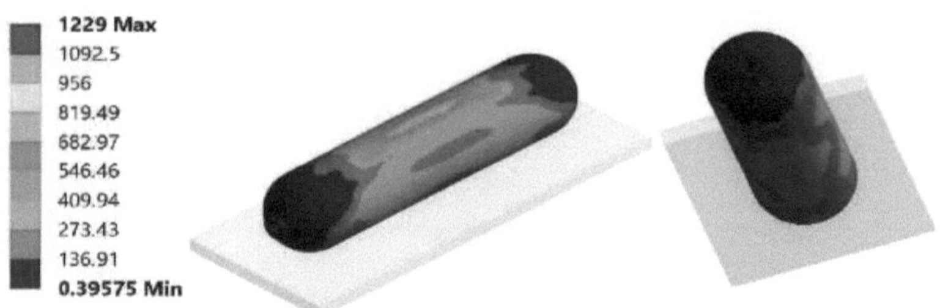

Figura 4.205: Tipo 4 WoR Vazio MSI - Contorno de tensões T15

Figura 4.206: Tipo 4 WoR Vazio MSI - Contorno de tensões T19

4.6.4. Tipo 4 WR

A deformação, a tensão e a tensão de barriga desenvolvidas no cilindro durante e após o impacto são mostradas nas figuras seguintes (4.207 - 4.216). No momento do impacto, foi induzida uma tensão máxima de 1456,2 MPa.

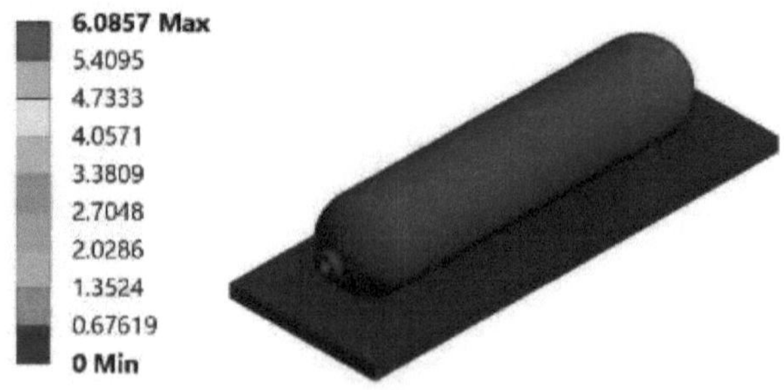

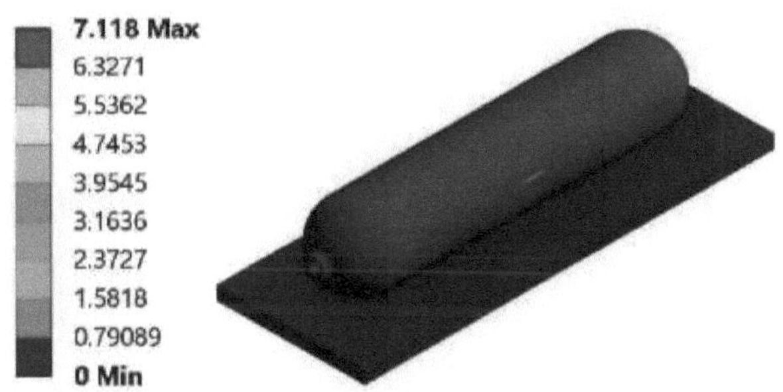

Figura 4. 208: Tipo 4 WR Vazio MSI - Contorno de deformação T8

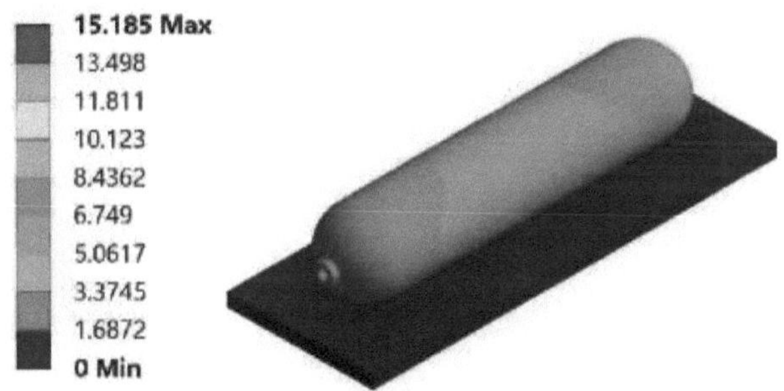

Figura 4.209: MSI vazio de tipo 4 WR - Contorno de deformação T14

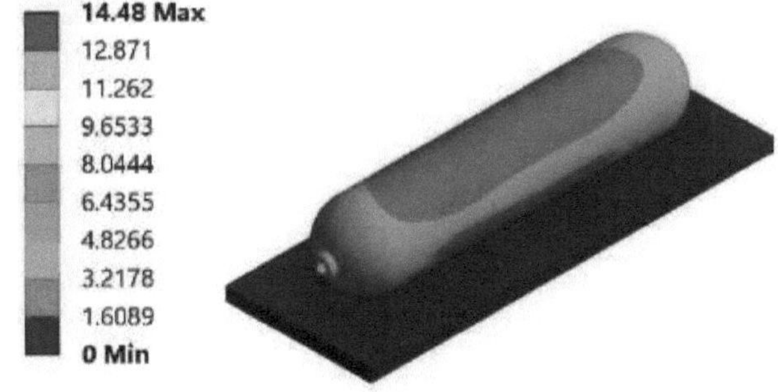

Figura 4.210: MSI vazio de tipo 4 WR - Contorno de deformação T17

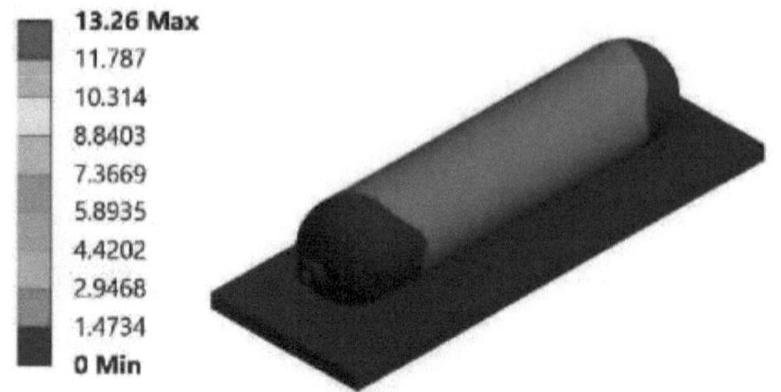

Figura 4.211: MSI vazio de tipo 4 WR - Contorno de deformação T20

Figura 4.212: MSI vazio de tipo 4 WR - Contorno de tensões T7

Figura 4.213: MSI de tipo 4 WR em vazio - Contorno de tensões T8

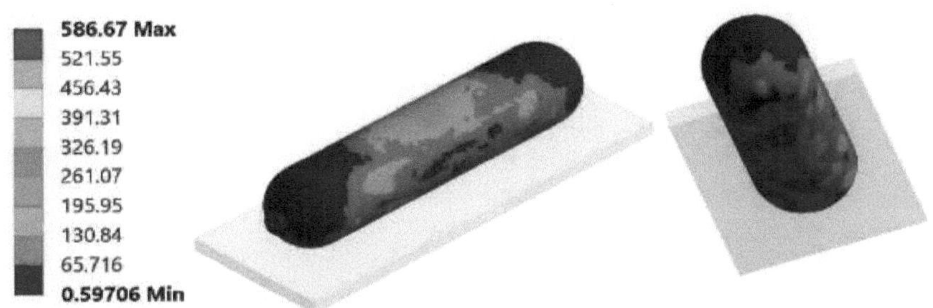

Figura 4.214: MSI vazio de tipo 4 WR - Contorno de tensões T14

Figura 4.215: MSI vazio de tipo 4 WR - Contorno de tensões T17

Figura 4.216: MSI vazio de tipo 4 WR - Contorno de tensões T20

4.6.5. Resumo

A Figura 4.217 mostra a comparação entre os quatro cilindros vazios durante a simulação de impacto a média velocidade. O Tipo 1, devido ao seu maior peso, entra em contacto com a parede em 1E-04 segundos, enquanto os cilindros dos Tipos 3 e 4 entram em contacto em 3E-04 segundos. A tensão induzida no cilindro de tipo 1 mantém-se quase constante após o impacto durante a simulação. Enquanto a tensão máxima no Tipo 1 é de cerca de 800 MPa, nos cilindros dos Tipos 3 e 4 é de cerca de 1800 MPa. Nos cilindros dos tipos 3 e 4, observam-se picos repetitivos no declínio após o impacto. Os cilindros do Tipo 3 e do Tipo WoR têm um declínio gradual, mas o Tipo 4 WR tem um declínio muito mais acentuado nos valores de tensão após cada pico. Os valores de tensão do cilindro de tipo 4 WR após 6E-04 segundos de simulação são inferiores aos valores de tensão do cilindro de tipo 1. A partir destas observações, podemos concluir que o cilindro de tipo 4 WR tem o melhor desempenho entre os outros cilindros.

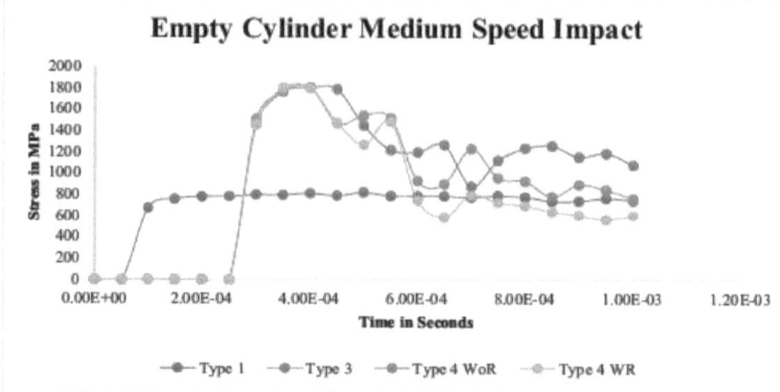

Figura 4.217: Cilindro vazio Impacto a média velocidade - Resumo

4.7. Cilindro cheio Impacto a média velocidade

4.7.1. Tipo 1

A deformação, a tensão e a tensão de barriga desenvolvidas no cilindro antes, durante e após o impacto são mostradas nas figuras seguintes (4.218 - 4.227). Foi induzida uma tensão máxima de 772,13 MPa aquando do impacto.

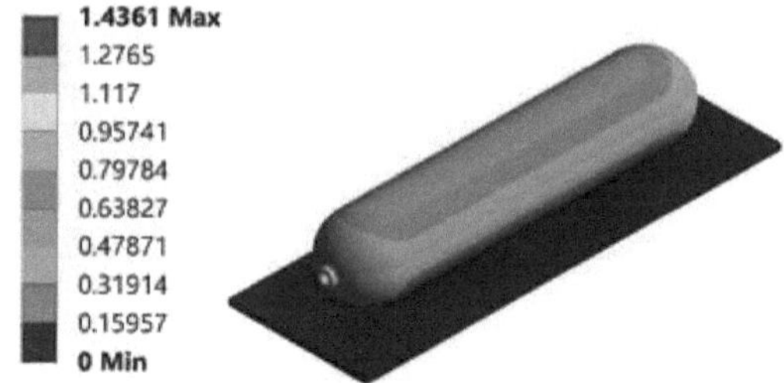

Figura 4.218: MSI preenchido de tipo 1 - Contorno de deformação T2

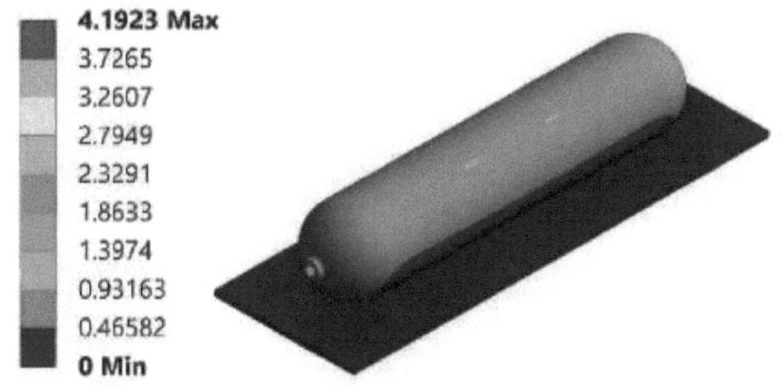

Figura 4.219: MSI preenchido de tipo 1 - Contorno de deformação T5

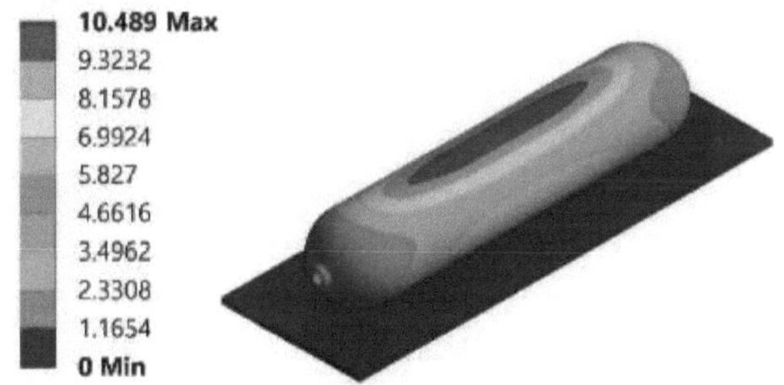

Figura 4.220: MSI preenchido de tipo 1 - Contorno de deformação T11

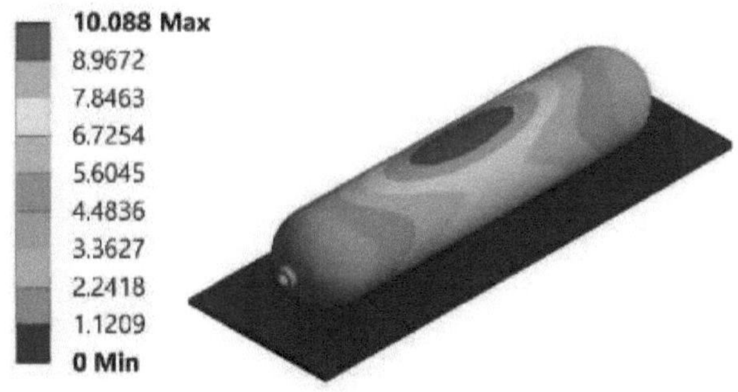

Figura 4.221: MSI preenchido de tipo 1 - Contorno de deformação T17

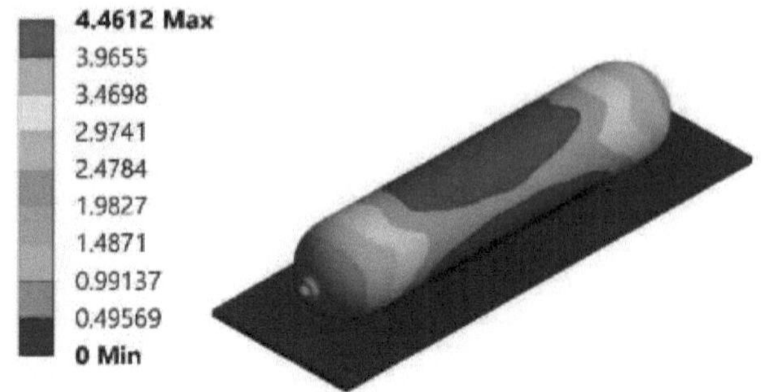

Figura 4.222: MSI preenchido de tipo 1 - Contorno de deformação T21

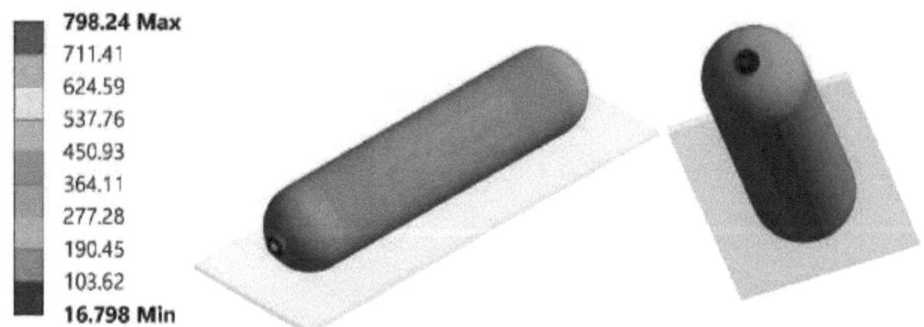

Figura 4.223: MSI preenchido de tipo 1 - Contorno de tensões T2

Figura 4.224: MSI preenchido de tipo 1 - Contorno de tensões T5

Figura 4.225: MSI preenchido de tipo 1 - Contorno de tensões T11

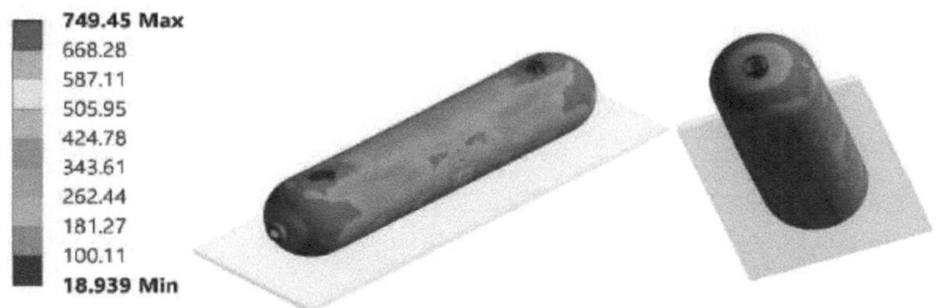

Figura 4.226: MSI preenchido de tipo 1 - Contorno de tensões T17

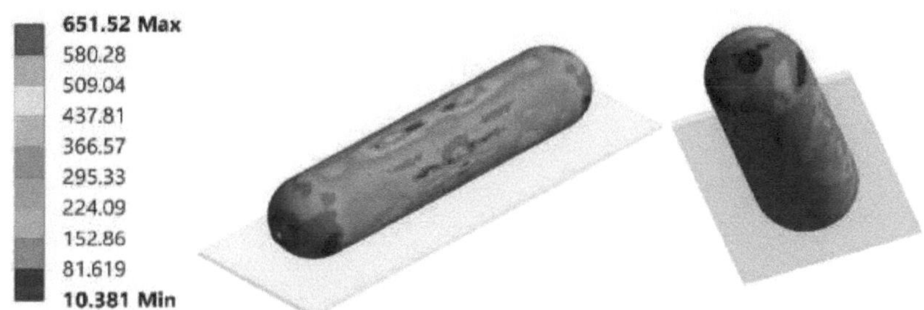

Figura 4.227: MSI preenchido de tipo 1 - Contorno de tensão T21

4.7.2. Tipo 3

A deformação, a tensão e a tensão de barriga desenvolvidas no cilindro antes, durante e após o impacto são mostradas nas figuras seguintes (4.228 - 4.237). Foi induzida uma tensão máxima de 1653,8 MPa aquando do impacto.

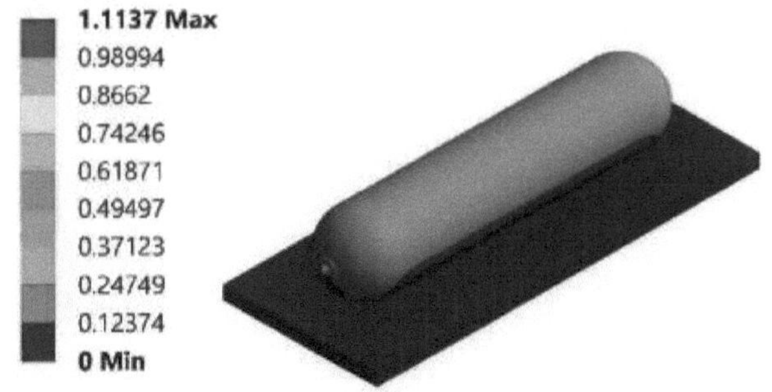

Figura 4.228: MSI preenchido do tipo 3 - Contorno de deformação T3

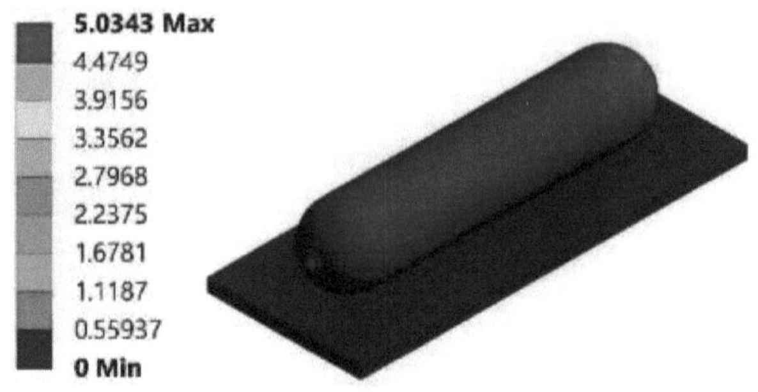

Figura 4.229: MSI preenchido de tipo 3 - Contorno de deformação T6

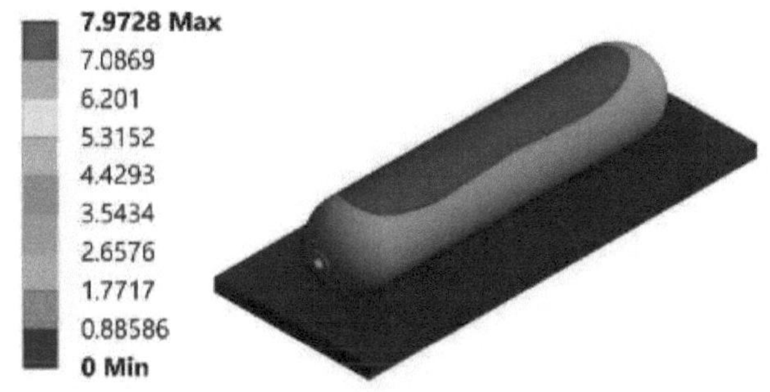

Figura 4.230: MSI preenchido de tipo 3 - Contorno de deformação T9

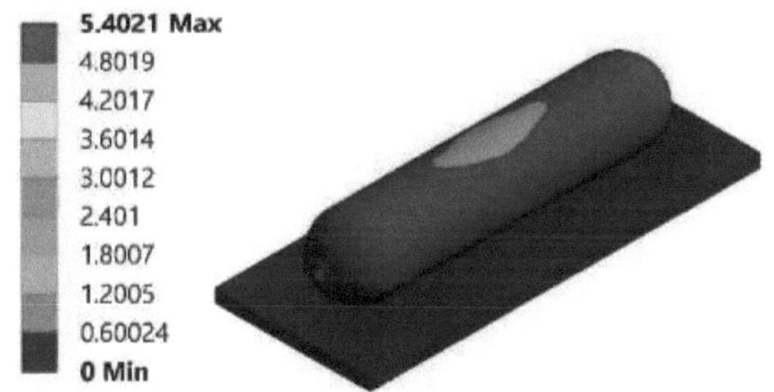

Figura 4.231: MSI preenchido de tipo 3 - Contorno de deformação T15

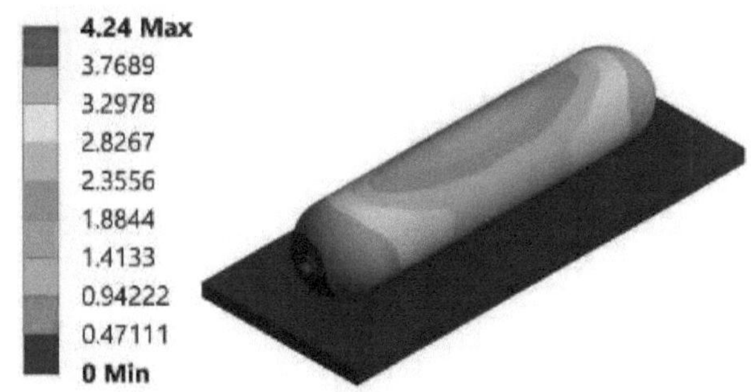

Figura 4.232: MSI preenchido de tipo 3 - Contorno de deformação T18

Figura 4.233: MSI preenchido de tipo 3 - Contorno de tensões T3

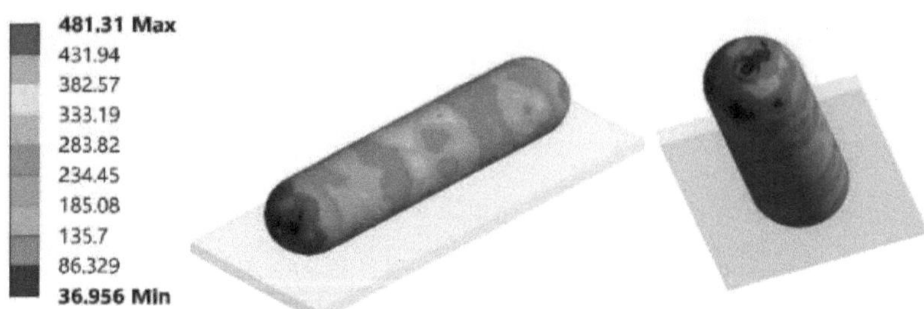

Figura 4.234: MSI preenchido de tipo 3 - Contorno de tensões T6

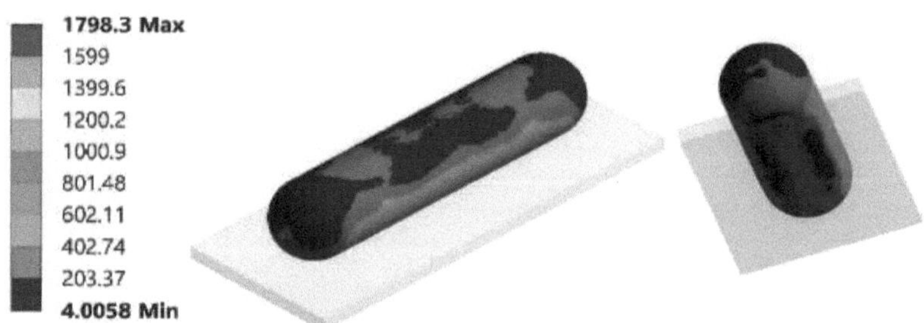

Figura 4.235: MSI preenchido de tipo 3 - Contorno de tensões T9

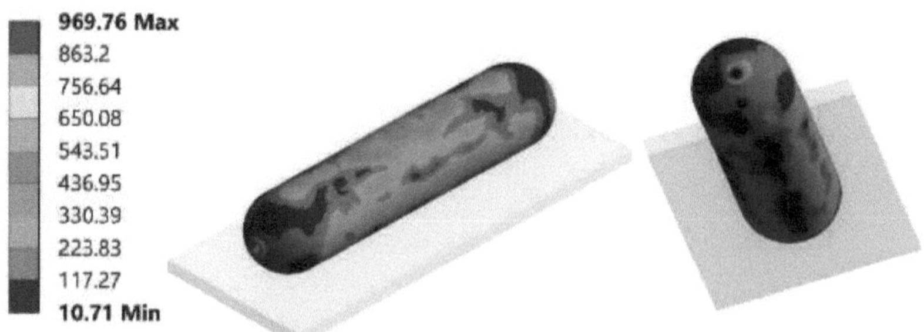

Figura 4.236: MSI preenchido de tipo 3 - Contorno de tensão T15

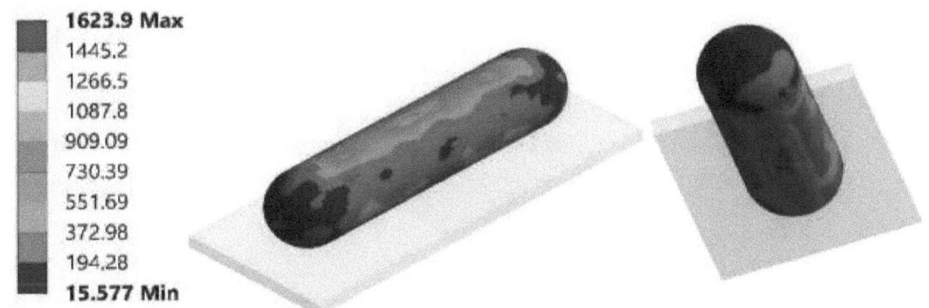

Figura 4.237: MSI preenchido de tipo 3 - Contorno de tensões T18

4.7.3. Tipo 4 WoR

A deformação, a tensão e a tensão de barriga desenvolvidas no cilindro antes, durante e após o impacto são mostradas nas figuras seguintes (4.238 - 4.247). Foi induzida uma tensão máxima de 963,1 MPa aquando do impacto.

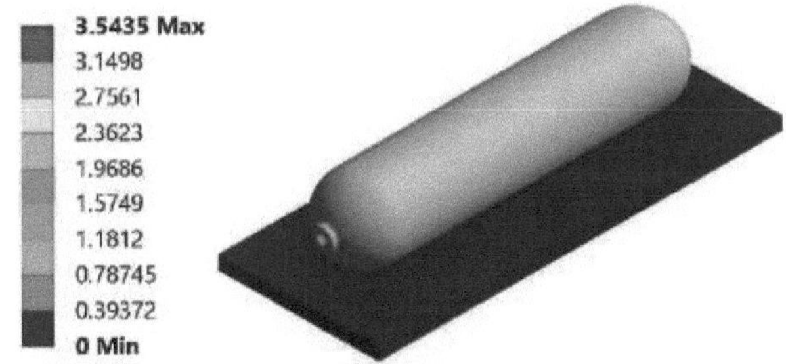

Figura 4.238: Tipo 4 WoR Filled MSI - Contorno de deformação T4

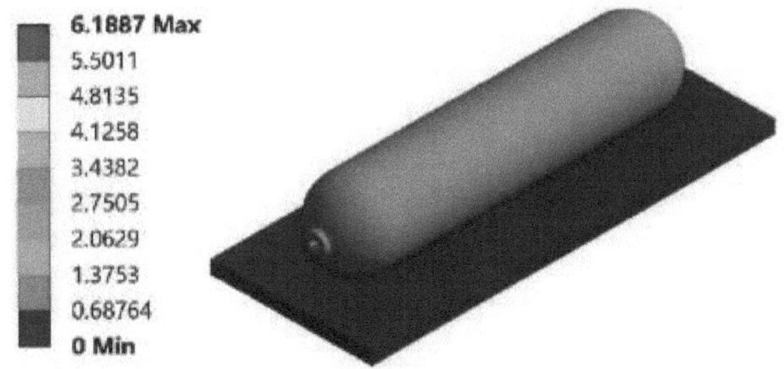

Figura 4.239: Tipo 4 WoR Filled MSI - Contorno de deformação T7

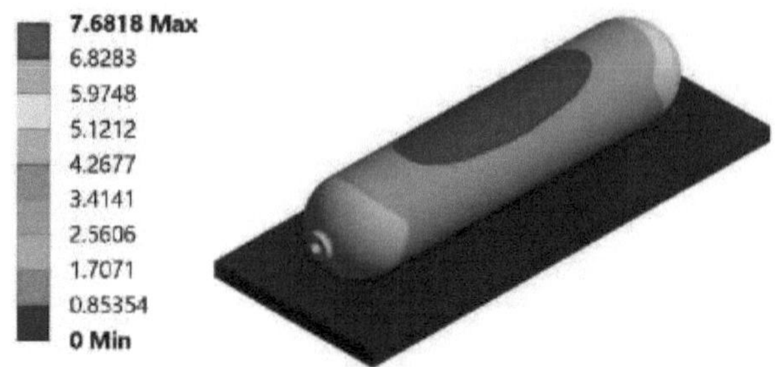

Figura 4.240: Tipo 4 WoR Filled MSI - Contorno de deformação T11

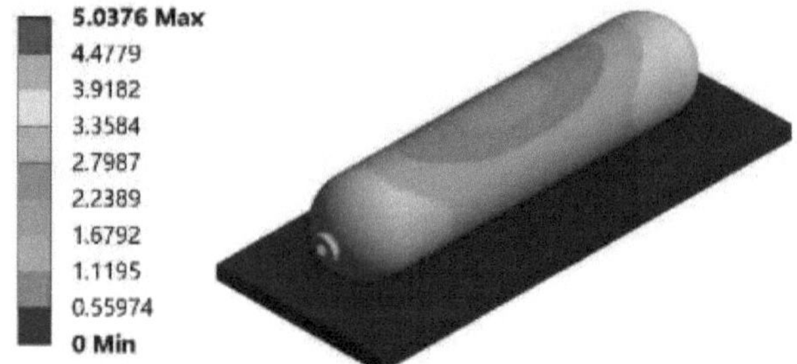

Figura 4.241: MSI preenchido com WoR do tipo 4 - Contorno de deformação T16

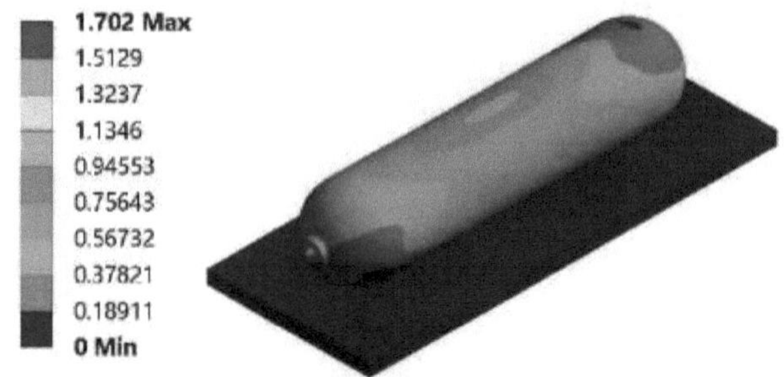

Figura 4.242: MSI preenchido com WoR do tipo 4 - Contorno de deformação T21

Figura 4.243: Tipo 4 WoR Filled MSI - Contorno de tensões T4

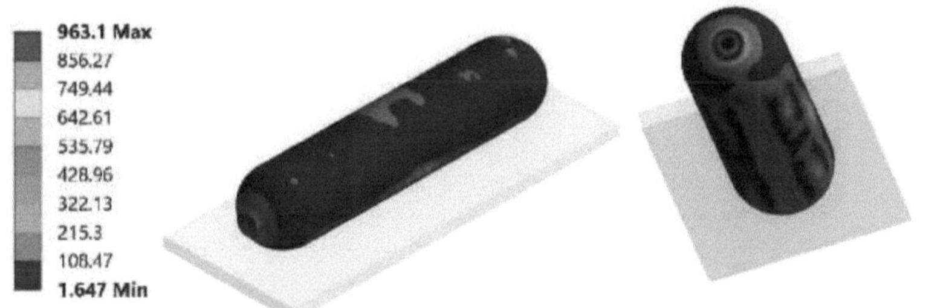

Figura 4.244: Tipo 4 WoR Filled MSI - Contorno de tensão T7

Figura 4.245: MSI preenchido com WoR do tipo 4 - Contorno de tensões T11

Figura 4.246: MSI preenchido com WoR do tipo 4 - Contorno de tensões T16

Figura 4.247: MSI preenchido com WoR do tipo 4 - Contorno de tensão T21

4.7.4. Tipo 4 WR

A deformação, a tensão e a tensão de barriga desenvolvidas no cilindro antes, durante e após o impacto são mostradas nas figuras seguintes (4.248 - 4.257). Foi induzida uma tensão máxima de 1466,2 MPa aquando do impacto.

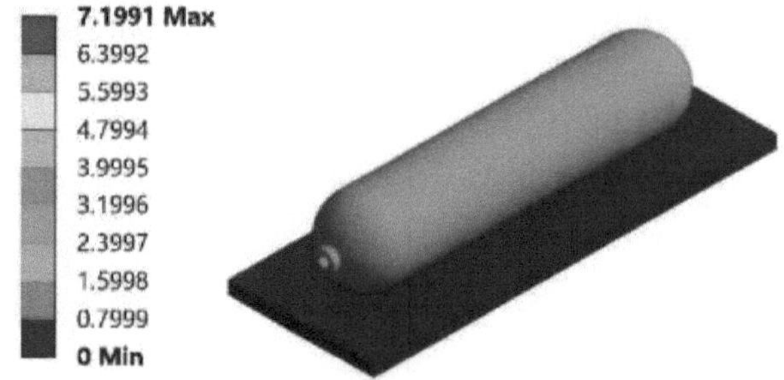

Figura 4.248: MSI preenchido com WR do tipo 4 - Contorno de deformação T3

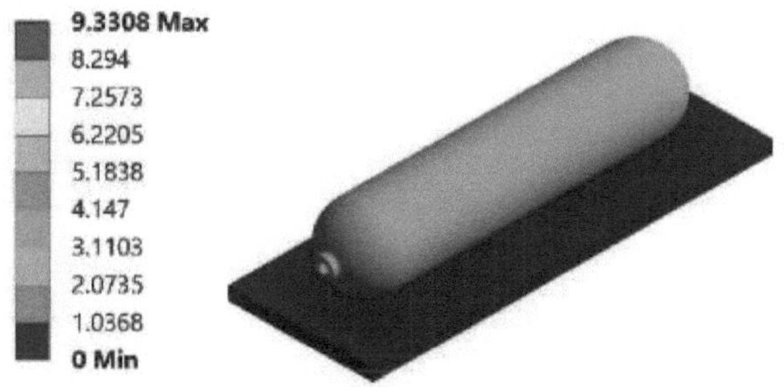

Figura 4.249: MSI preenchido com WR do tipo 4 - Contorno de deformação T7

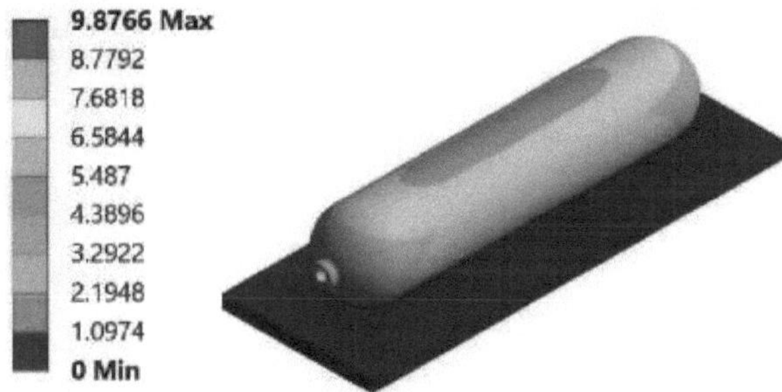

Figura 4.250: MSI preenchido com WR do tipo 4 - Contorno de deformação T9

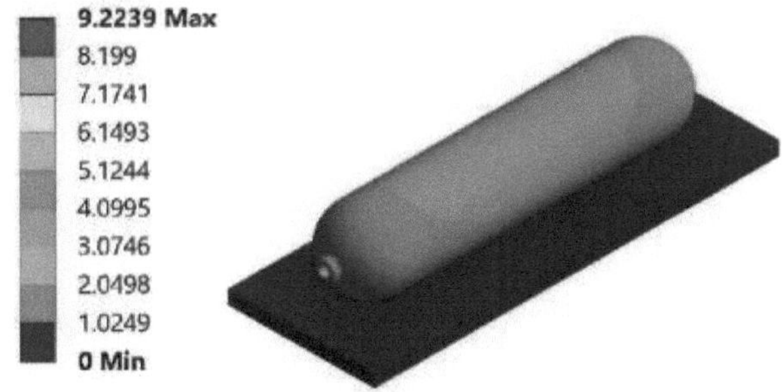

Figura 4.251: MSI preenchido com WR do tipo 4 - Contorno de deformação T15

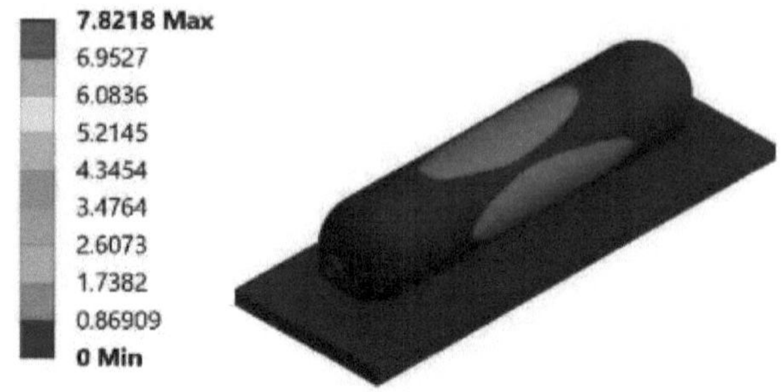

Figura 4.252: MSI preenchido com WR do tipo 4 - Contorno de deformação T21

Figura 4.253: MSI preenchido com WR do tipo 4 - Contorno de tensões T3

Figura 4.254: MSI preenchido com WR do tipo 4 - Contorno de tensão T7

Figura 4.255: MSI preenchido com WR do tipo 4 - Contorno de tensões T9

Figura 4.256: MSI preenchido com WR do tipo 4 - Contorno de tensões T15

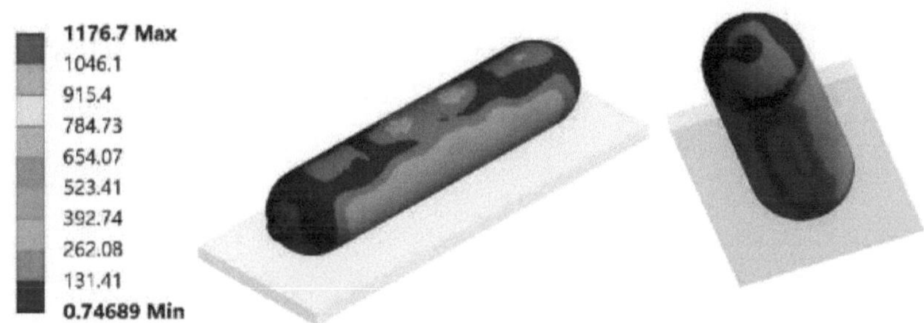

Figura 4.257: MSI preenchido com WR do tipo 4 - Contorno de tensões T21

4.7.5. Resumo

Cilindro cheio Impacto a média velocidade

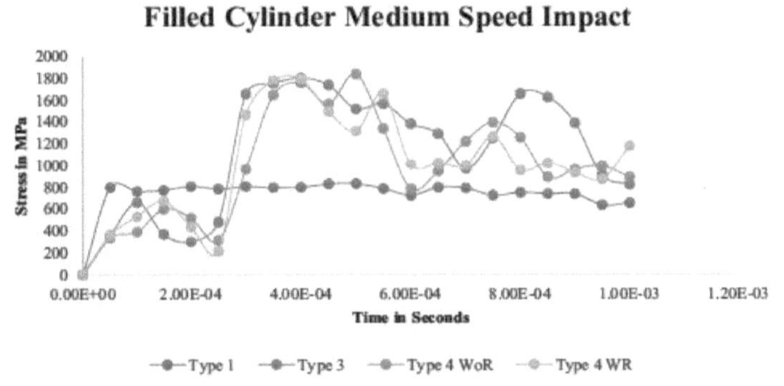

Figura 4.258: Cilindro cheio Impacto a média velocidade - Resumo

A Figura 4.258 mostra a comparação entre os quatro cilindros cheios durante a simulação de impacto a média velocidade. Enquanto o cilindro do Tipo 1 entra em contacto com a parede a 1E-04 segundos, não vemos alterações significativas nos valores de tensão antes e depois do impacto. Observa-se uma tensão média de 800 MPa no decurso da simulação. A tensão induzida antes do impacto nos cilindros de tipo 3 e 4 é inferior à do cilindro de tipo 1 após o

113

impacto. Os cilindros dos tipos 3 e 4 apresentam, em média, uma tensão induzida máxima de 1750 MPa após o impacto. Após o primeiro impacto, observam-se pelo menos dois picos que se formam mais tarde na simulação. No caso dos cilindros do tipo 4, os picos ocorrem com valores de tensão mais baixos à medida que o tempo avança, mas no caso do tipo 3, os picos regressam ao máximo anterior. Observamos também que os valores de tensão do cilindro WR de Tipo 4 permanecem, durante a maior parte do período de tempo, inferiores aos dos outros dois cilindros compostos. Assim, podemos concluir que o cilindro de tipo 4 WR tem o melhor desempenho entre os quatro cilindros.

5. CONCLUSÃO

A fim de conceber um cilindro compósito e otimizar o seu peso, é efectuada uma análise estrutural e explícita utilizando o ANSYS Workbench 2021 R2. As condições de fronteira para estas simulações são baseadas nas normas ISO 15869 para a certificação de cilindros. Os quatro modelos de cilindros são analisados quanto à sua resistência estrutural, peso, segurança e desempenho explícito, tendo sido retiradas as seguintes conclusões

- **A análise estrutural** é realizada para otimizar a espessura e, por sua vez, o peso dos cilindros. Em termos de deformação, o cilindro do tipo 1 parece ser o melhor do grupo. O Tipo 1, feito de titânio com uma espessura de parede de 15 mm, pesa cerca de 70 kg. Com a introdução de um invólucro de fibra de carbono no cilindro, o peso diminui drasticamente em 38,5% e 39,2%, respetivamente, para os cilindros WoR de Tipo 3 e Tipo 4. Como a deformação e a tensão induzida, juntamente com a espessura efectiva da parede para garantir o funcionamento seguro do cilindro, são superiores às do cilindro de tipo 1, não se pode ignorar uma redução significativa do peso. A introdução de nervuras internas no cilindro permitiu reduzir ainda mais a espessura da parede e o peso do cilindro. O cilindro WR de tipo 4, com uma espessura de parede efectiva de 22 mm, pesa 37,83 kg, ou seja, 45,95% menos do que o cilindro de tipo 1. O cilindro WR de tipo 4, sem comprometer a resistência estrutural e o desempenho, é identificado como o melhor e mais leve dos quatro cilindros.

- **O ensaio de queda horizontal** é efectuado para os quatro cilindros, tanto no estado vazio como no estado cheio. Em ambos os casos, o cilindro do tipo 1, devido ao seu peso, é o primeiro a sofrer o impacto. No estado vazio, o aumento dos valores de tensão devido ao impacto é o esperado, mas, à medida que o tempo passa, diminui gradualmente. Em comparação com o estado cheio, a tensão devida ao impacto no cilindro do tipo 1 mantém-se, em média, à volta dos 750 MPa. A tensão de impacto registada entre os cilindros dos tipos 3 e 4 é a mais baixa no cilindro WR do tipo 4, sendo a tensão máxima de 1064,3 MPa no estado vazio. No caso do estado cheio, o cilindro do tipo 3 registou a tensão mais baixa do grupo, com 1138,6 MPa de tensão máxima induzida após o impacto. A tensão induzida devido à pressão do fluido e ao efeito da gravidade é registada e os cilindros do Tipo 4 superam os restantes. Após o impacto, o cilindro WR de tipo 4 é o mais rápido a estabilizar, uma vez que o declínio acentuado dos valores de tensão indica uma excelente propriedade de absorção e propagação do choque do cilindro. A partir dos dados registados, o cilindro WR de Tipo 4 é identificado como o cilindro com melhor desempenho nestas circunstâncias.

- **O ensaio de queda vertical** é efectuado em condições de vazio e cheio para os quatro cilindros. É interessante notar que os quatro cilindros entraram em contacto com o solo ao mesmo tempo. O cilindro do tipo 1, à semelhança do ensaio de queda horizontal, induziu tensões que rondam os 800 MPa, em média, após o impacto, tanto em condições de queda vazia como cheia. Tanto em condições de vazio como de cheio, os cilindros dos tipos 3 e 4 registaram valores de tensão máxima semelhantes após o impacto (1700 MPa em média). Ao contrário do ensaio de queda horizontal, observa-se que a alteração dos valores de tensão devido à propagação do choque é o fator diferenciador entre os três cilindros. O cilindro WR de tipo 4 registou os valores mais baixos de tensão induzida após o impacto, em comparação com os outros cilindros, o que indica uma propriedade superior de absorção e propagação do choque do cilindro. A partir do ensaio efectuado, o cilindro WR de tipo 4 é identificado como tendo o melhor desempenho nestas circunstâncias.

- **O ensaio de impacto a média velocidade** tem observações semelhantes às do ensaio de queda. Mais uma vez, devido ao seu peso, o cilindro do Tipo 1 faz o primeiro contacto com a parede, tanto nos casos vazios como nos cheios. Como é habitual, os valores de tensão do cilindro de tipo 1 rondam os 800 MPa após o impacto, tanto para os casos vazios como para os cheios. A excelente propriedade de absorção e propagação do cilindro WR de Tipo 4 é observada quando os valores de tensão do cilindro vazio após o impacto caem abaixo do valor máximo de tensão do cilindro de Tipo 1. Quando cheio de gás, o cilindro teve um desempenho extremamente bom, registando baixos valores de tensão antes e depois do impacto, uma vez que o cilindro de tipo 4 WR foi o primeiro a estabilizar-se entre os quatro cilindros. Com base nestas observações, o cilindro de tipo 4 WR é identificado como o que apresenta melhor desempenho nas condições-limite sujeitas.

Com base nas conclusões retiradas dos ensaios individuais, é seguro afirmar que a introdução de nervuras internas nas paredes interiores do cilindro provou ser uma caraterística importante na conceção do cilindro. As nervuras internas aumentaram a resistência do cilindro e também o tornaram mais leve, reduzindo um número de camadas de fibra de carbono. Significa também que o cilindro está mais bem equipado para lidar com cargas súbitas de choque e impacto, uma vez que as nervuras asseguram que o choque se propaga mais rapidamente ao longo do cilindro. Por conseguinte, pode concluir-se que o cilindro WR de tipo 4 é a melhor solução possível e pode ser um fator de mudança em termos de cilindros compósitos de armazenamento de hidrogénio, uma vez que o seu desempenho muito superior não pode ser ignorado.

5.1. Âmbito do trabalho futuro

O presente trabalho revela que há margem para mais investigação. Algumas sugestões para investigações futuras são as seguintes

- Análise de fadiga
- Análise termo-mecânica
- Análise da penetração de balas
- Análise da interação da estrutura do fluido durante o esvaziamento e o enchimento

Referências

[1] Air Liquide, [Online]. Disponível: https://energies.airliquide.com/resources-planet-hydrogen/how-hydrogen-stored. [Acedido em 10 de janeiro de 2022].

[2] InfiniteComposites , [Online]. Disponível: https://www.infinitecomposites.com/composite-pressure-vessel-resources. [Acedido em 12 de janeiro de 2022].

[3] I. Cumalioglu, "Modelling and Simulation of High Pressure Hydrogen Storage Tank with Dynamic Wall", Texas Tech University, Texas, 2005.

[4] "Lenntech," [Online]. Disponível: www.lenntech.com/periodic/elements/h.html. [Acedido em 20 de dezembro de 2021].

[5] D. C. Spiegel, "Loja de Células de Combustível", 08 de dezembro de 2016. [Online]. Disponível: www.fuelcellstore.com/blog-section/hydrogen-characteristics-safety. [Acedido em 22 de dezembro de 2021].

[6] Ashok Leyland Ltd, "Report on Cylinders CNG for Automotive Vehicle Applications", Ashok Leyland, Chennai, 2012.

[7] C. F. S. P. a. J.-B. V. E. TZIMAS, "Hydrogen Storage: State of the Art and Future Perspectives", Serviço das Publicações das Comunidades Europeias, Luxemburgo, 2003.

[8] D. N. Sirosh, "Hydrogen Composite Tank Program", Departamento de Energia dos Estados Unidos, 2002.

[9] J.-C. L. K. P. S.-J. J. a. J.-T. K. Ji-Qiang Li, "An Analysis on the Compressed Hydrogen Storage System for the Fast-Filling Process of Hydrogen Gas at the Pressure of 82 MPa," **Energies,** vol. 14, n.º 2635, pp. 1-18, 2021.

[10]D. N. L. Newhouse, "Development of Improved Composite Pressure Vessels for Hydrogen Storage", Departamento de Eficiência Energética e Energias Renováveis, Estados Unidos, 2016.

[11]M. E.-A. a. N. M. E.-. C. Bahaa Mostafa, "Conceção de tanques de armazenamento de hidrogénio fabricados a partir de materiais compósitos", em **16th Int. Conferência sobre Mecânica Aplicada e Engenharia Mecânica**, 2014.

[12]H. Barthelemy, "Hydrogen Storage - Recent Improvements and Industrial Prospective", Air Liquide, Paris.

[13]C. S. M. a. B. P. Somerday, "Comparision of Stainless Steels for High Pressure Hydrogen Service," in **ASME 2014 Pressure Vessels & Piping**, Anaheim, 2014.

[14]D. M. Bromley, "Hydrogen Embrittlement Testing of Austenitic Stainless Steels SUS 316 and 316L," The University of British Coloumbia, Vancouver, 2005.

[15]S. K. a. D. Senthilkumaran, "Assessment of Mechanical Properties of Ni-Coated ABS Plastics using FDM Process", **International Journal of Mechanical & Mechatronics Engineering,** vol. 14, no. 03, pp. 30-35, 2014.

[16]B. S. P. a. S. S. B. Vishal Saroha, "Charecterisation of ABS for Enhancement of Mechanical Properties," **International Journal of Innovative Technology and Exploring Engineering,** vol. 08, no. 10, pp. 2164-2167, 2019.

[17]S. K. P. a. S. S. M. Shrutee Nigam, "Copper Plating on ABS Plastic by Thermal Spray," **International Journal of Mechanical And Production Engineering,** vol. 03, no. 06, pp. 115-119, 2015.

[18]C. Uraz, "The Electroless Metal Plating Process Over ABS Plastic by Using Ionic Liquids," **Research on Engineering Structures and Materials,** vol. 06, no. 01, pp. 4552,

2020.

[19] S. S. Kumar, "Design and Analysis of Hydrogen Storage Tank with Different Materials by Ansys," in **IOP Conference Series: Ciência e Engenharia de Materiais**, 2016.

[20] C. Z. S. W. B. W. a. Z. W. Liang Wang, "Thermo-Mechanical Investigation of Composite High Pressure Hydrogen Storage Cylinder during Fast Filling," **International Journal of Hydrogen Energy,** vol. 40, pp. 6853-6859, 2015.

[21] K. O. Z. H. Y. Z. P. X. J. H. a. B. H. Jinyang Zheng, "Experimental and Numerical Investigation of Localised Fire Test for High-Pressure Hydrogen Storage Tanks," **International Journal of Hydrogen Energy,** vol. 38, pp. 10963-10970, 2013.

[22] Y. K. S. K. a. V. M. D Makarov, "Thermal Protection and Fire Resistance of High Pressure Hydrogen Storage," in **Proc. of the Eighth International Seminar on Fire & Explosion Hazards,** 2016.

[23] B. A. P. M. a. N. d. M. R Ortiz Cebolla, "GASTEF: The High Pressure Gas Tank Testing Facility of the european Commission Jiont Research Centre", **International Journal of Hydrogen Energy,** vol. 44, pp. 8601-8614, 2019.

[24] Organização Internacional de Normalização, "Comparision of Gaseous Fuel Tank Standards", Organização Internacional de Normalização, 2009.

[25] N. Weyandt, "Compressed Hydrogen Cylinder Research and Testing in Accordance With FMVSS 304," Departamento de Transportes dos Estados Unidos - Administração Nacional de Segurança do Tráfego Rodoviário, 2009.

[26] M. McDougall, "SAE J2579 Validation Testing Program," Laboratório Nacional de Energias Renováveis, 2010.

[27] P. P. M. W. P. R. J. P. E. L. G. T. S. C. a. J.-C. G. P Blanc-Vannet, "Sample Scale Testing Method to Prevent Collapse of Plastic Liners in Composite Pressure Vessels," Air Liquide, 2017.

[28] L. W. R. L. Z.-x. W. a. W.-w. Z. Chuan-xiang Zheng, "Teste de Fadiga do Vaso de Armazenamento de Hidrogénio de Alta Pressão Composto de Carbono Epóxi em Ambiente de Hidrogénio," **Journal of Zhejiang University-SCIENCE A (Applied Physics & Engineering),** vol. 14, no. 06, pp. 393-400, 2013.

[29] H.-H. Lee, Simulações de Elementos Finitos com ANSYS Workbench 12, Stephen Schroff, SDC Publications, 2010.

[30]

Buy your books fast and straightforward online - at one of world's fastest growing online book stores! Environmentally sound due to Print-on-Demand technologies.

Buy your books online at
www.morebooks.shop

Compre os seus livros mais rápido e diretamente na internet, em uma das livrarias on-line com o maior crescimento no mundo! Produção que protege o meio ambiente através das tecnologias de impressão sob demanda.

Compre os seus livros on-line em
www.morebooks.shop

Printed by Books on Demand GmbH, Norderstedt / Germany